はじめに

　経営管理の高度化や安定的な雇用の確保、円滑な経営継承、産業並みの就業条件の整備による就業機会の拡大など「農業」が魅力ある職業となるための基礎的条件が整備されることから農業経営の法人化が進展しています。

　農業経営基盤強化促進法等の改正に伴い、令和5年度から「人・農地プラン」が「地域計画」と名称を変えて同法に位置付けられ、全国の市町村で「地域計画」の策定が始まる中で、人手不足の地域では特に「地域内の農業を担う者」として期待される農業法人も増えると考えられます。

　法人化を考えようとする場合、①どのようなメリットがあるのか、②法人化によって新たな負担は生じないのか、③法人設立は具体的にどうしたらよいのか、④どこに相談に行けばよいのかなどで悩み、法人化の決断がつきかねている農業者が多いのが実情です。

　本書は、農業経営の法人化を志向する農業者や、法人化を支援する関係者を対象に、法人設立の仕方、法人化に伴う税制や労務管理上の留意点など、法人化を検討する際に生ずるさまざまな疑問に対し、一問一答形式で分かりやすく解説した手引書です。

　法律・税務・労務の専門家、日本農業法人協会、全国農業協同組合中央会、都道府県農業会議担当者で構成した編集委員会での検討を踏まえて見直した改訂第6版では、農業経営の発展過程を踏まえた法人化と経営理念・経営戦略立案の重要性や経営を発展させている先進2事例、認定農業者制度とメリットなど追加したほか、法人関係の諸制度や税金・社会保険料などを更新しています。

　農業経営の法人化については、経営サポートを行う拠点として都道府県段階では都道府県、都道府県農業委員会ネットワーク機構（農業会議）、JA中央会などが、市町村段階では市町村、農業委員会、JAなどが相談窓口となり各種支援が行われていますが、本書は法人化を志向する農業者だけでなく、現場段階の法人化の指導・相談でも役立つ指導マニュアルとしてもご活用いただければ幸いです。

　最後に、本書の刊行に当たっては、編集委員会にご参画頂いた水谷公孝氏（日本司法書士会連合会理事）、小川貴晃氏（同連合会空き家・所有者不明土地問題等対策部部委員）、税理士の森剛一氏（（一社）全国農業経営コンサルタント協会会長）、特定社会保険労務士の入来院重宏氏（前全国農業経営支援社会保険労務士ネットワーク会長）をはじめ、関係者の皆様に多大なるご協力をいただきました。ここに誌面を借りて心よりお礼申し上げます。

　令和5年3月

公益社団法人　日 本 農 業 法 人 協 会

全国農業委員会ネットワーク機構
一般社団法人　全 国 農 業 会 議 所

一般社団法人　全国農業協同組合中央会

Q&A農業法人化マニュアル　改訂第6版

第3章　法人設立の留意点

第4章　労務管理と福利厚生

序章
法人化に当たって

Q 1　法人化する前にどのようなことをすべきですか？

A point

　家族経営を法人化するには、「農業経営発展過程・経営管理モデル」の「ステージ3　ポジション1」段階の①経営理念・経営戦略の構築、②複式農業簿記記帳・青色申告の取り組み、③労務管理の取り組み、④家族経営協定の取り組みを経てからが望ましいです

農業経営法人化の推進

　農業経営の法人化が農政上大きく進展を見せたのは、平成4年6月農林水産省が公表した「新しい食料・農業・農村政策の基本方向」（新政策）です。

　「新政策」では、「経営形態の選択肢の拡大の一環として、農業経営の法人化を推進する」として、農業政策として法人化の推進が打ち出されました。

　農業経営の法人化は、「経営形態の選択肢の一つ」とされ、「経営の熟度に合わせた法人化」が進められました。

　個人経営の段階で、この「経営の熟度」はどのように理解、判断したらよいでしょうか。

　一つの目安として、全国認定農業者協議会と（一社）全国農業会議所が認定農業者組織等の支援活動として展開している「農業経営発展過程・経営管理モデル」から考えてみましょう。

　ステージ1は、伝統的なイエ（家産と家業）の継承という慣行の中で、生産技術に長けた農業経営であるが、「経営と家計が未分離」の状況です。

　この段階から一気に法人経営に移行しても、法人としての経営管理を行うことは困難と考えられます。

　ステージ2では、「経営と家計の分離の取り組み」が始められた段階です。

　農業が女性や若者にとって、魅力ある職業となるためには、イエ（家産と家業）を中心とした経営から、それを構成し支える個人の地位・役割を明確化し、尊重することが重要です。

　この段階でも家族従事者に対する給与制の確立、収支計算による農業経営の理解、青色申告決算書等を分析して家族従事者を含めた農業者年金制度、退職金制度の小規模企業共済制度・中小企業退職金共済制度の加入など「労務管理」や「家族関係の近代化」、「個の尊重」に役立てていくことが可能です。

　経営発展意欲を有し、法人化を志す経営体は、「ステージ3　ポジション1」段階の経営管理を少しでも実践しましょう。この段階の経営管理ができていれば、「経営の熟度」は高まっていると言えるでしょう。

個人経営の段階ですべきこと

ステージ3　ポジション1「経営と家計の分離の発展」段階の経営管理を実現しよう

①　経営理念・経営戦略の構築

　個人経営でも、法人経営に遜色のない経営を行うことは可能です。

　「経営理念」は、どのような農業経営を目指すのか、経営に対する基本的な考え方、思いです。そして、策定された経営理念を実現するための具体的な過程が「経営戦略」です。

　経営戦略は、自己経営の能力、資源などの内的要因を洗い出し、外的要因を分析、評価することから始めます。そして、自己経営の強み、特性を把握して、どれくらいの規模で、どのような農畜産物などをどれくらい、どのように提供していくかを決めていきます。

　また、生産、販売、財務、人事・労務など役割分担を決めて、経営主、家族従事者、雇用者が一体となって、経営理念の実現に向けた積極的な取り組みが経営発展につながります。

家族経営協定を締結しようとする時や見直しの時、後継者が就農した時、雇用者を雇う時など何らかのきっかけがある時が策定しやすいでしょう。

②　複式農業簿記記帳・青色申告の取り組み
複式農業簿記記帳のすすめ

大規模な農業経営や、施設園芸や畜産など投資額が大きな経営では、収益（収入）や費用（支出）の記録（記帳）にとどまる損益計算を中心とした「簡易簿記」では経営管理に必要な財務内容を的確に把握できません。

「複式簿記」は損益計算に加え、農業経営で使用する現金、預金、未収金、土地、建物、機械、果樹・牛馬などの事業資産や借入金、未払金などの負債、農業経営に投資している資本金（元入金）の財政状態や資金繰り等が的確に把握できます。

また、家計とのお金のやり取り等を記録することによって財政上の経営と家計の分離をすることができます。

農業経営の改善、発展のためには「複式簿記」を記帳し、数字による経営把握、分析を行い、経営と家計との分離をすることが基礎的な条件です。

さらに、財務管理を理解することで、法人化に際しての個人経営の資産・負債等の法人への引継ぎや法人化後の経営管理に生かされます。

なお、法人化後の企業会計の一般原則では「企業会計は、すべての取引につき、正規の簿記（複式簿記）の原則に従って、正確な会計帳簿を作成しなければならない」と決められています。

青色申告のすすめ

所得税では、自分の所得と税額を自分で計算し納税するという「申告納税制度」をとっており、白色申告と青色申告があります。

また、平成26年から白色申告者も事業（農業）所得、不動産所得、山林所得を生ずべき業務を行う者は、記帳、帳簿・書類等保存制度が設けられています。

青色申告者は原則として正規の簿記（複式簿記）により記帳しますが、簡易簿記で記帳してもよいことになっています。

「青色申告」は主な特典は以下の通りです。
（1）青色申告特別控除‥複式簿記記帳は最高55万円（e-tax申告等は65万円）、簡易簿記記帳は最高10万円
（2）青色事業専従者給与の必要経費算入‥青色申告者と生計を一にする15歳以上の親族で農業に従事している場合（6か月以上）、支払った給与が労務の対価として適正な金額であれば、全額必要経費に算入できます。
（3）減価償却費の特例
（4）純損失の繰越控除または繰戻しによる還付

農業が魅力ある職業となるためには、家族であっても働いた、経営に寄与した割合に応じた適正な労働報酬を得ることが必要です。

白色申告では、従事者1人について50万円（申告者の配偶者は86万円）の事業従事者控除がありますが、いくら働いても、経営に寄与しても同額で控除されるだけで、給与として受け取った金額は必要経費には算入されません。

青色申告では支払った給与が適正であれば全額必要経費に算入でき（給与制の確立）、節税にもなり、また家族従事者にとってもやりがいと責任感が育ってきます。

個人経営における「個」の確立の面から、また経営管理改善の面から基礎的な条件である「複式農業簿記記帳」と「青色申告」の取り組みをして、「経営と家計の分離を発展」させましょう。

③　労務管理の取り組み
就労条件整備による時間の経営と家計の分離

農業経営の労働時間と家庭・生活を楽しむための時間とを区切り、けじめをつけることが大切です。

「労働時間、休憩、休日」などの就労条件を農業経営の特性に合わせて作ります。この就労条件を実行するために、計画的な作業体制、役割分担などによる作業の効率化、農機具類の整然配置・整備などの工夫を生み、作業環境の改善が期待できます。

従事者の福祉面や社会保障面の充実

「国民年金」に加え、経営主・家族従事者が加入できる「農業者年金」、経営主が加入できる退職金制度の「小規模企業共済制度」、青色申告であれば家族の青色事業専従者が加入できる退職金制度の「中小企業退職金共済制度」の整備を進めていくことで社会保障面の充実を図ります。

また、家族従事者では充足できない人材の確保及び家族従事者の定期的な休日の確保のためには雇用従事者を確保することが欠かせません。ただし、雇用者の責務として給与制、就業規則、労災保険、退職金制度などの整備を通じて就業ルールを明確化し、労務管理面を逐次改善していくことが大切です。

④　家族経営協定の取り組み

農業は家族従事者と共同経営的に営まれますが、お互いに「個」を尊重し、認め合うことが大切です。

前述してきた様々な取り組みを実行に移すとともに、文書化した「家族経営協定」によって再確認し、また健康診断や家庭生活の取り決めも加えることによって家族関係の好環境を生むことでしょう。

「家族経営協定」はワーク・ライフ・バランス実現の有効な手段となります。

法人化にあたり検討すべきこと

法人化する段階にあるかどうかの判断

家族経営を法人化するには、前述したステージ3　ポジション1段階の①経営理念・経営戦略の構築、②複式農業簿記記帳・青色申告の取り組み、③労務管理の取り組み、④家族経営協定の取り組みを経てからが望まれます。

さらに、青色申告決算書からの目安としては、経営主の農業所得と青色専従者給与額を合わせて、法人化後の家計費が満たせるかどうかです。家計費が満たせなければ、法人からの借り入れ、もしくは家計（個人）預金の取り崩しによる充足となり、健全な法人経営と家計の姿ではなくなるからです。法人化後のメリット発揮に期待することは注意が必要です。

また、集落営農や第3者複数人が集まる法人化の場合は、収益の分配（報酬の決定）や法人経営の改善、発展において複式簿記記帳による財務諸表を役員が理解できないと経営判断に誤りが生じやすいため、役員になる予定の農業者は、自身の経営で②複式農業簿記記帳・青色申告の取り組みを経ていることが望まれます。

経営理念・経営戦略の策定

法人経営は、組織として経営が展開されます。

したがって、大切なことは、法人としての「経営理念・経営戦略」を策定することです。役員、家族や雇用従事者がその「経営理念・経営戦略」を理解し、それぞれの立場で役割分担し、コミュニケーションを図って、その実現に向けて組織として経営を展開していきます。

法人化することのメリット、デメリットの検討

何を目的に法人化するか、法人化のメリット・デメリットを検討します。

メリットとしては、経営の多角化・規模拡大、法に基づく社会保険適用（厚生年金・労災保険・雇用保険・健康保険）、労務管理の充実、経営継承の多様性、経営主の給与制による節税、社会的信用度の向上などがあります。

デメリットとしては、利益がない場合での地方税負担、社会保険料の法人負担による費用増、倒産の危惧などがあります。

「農業経営発展過程・経営管理モデル」に基づく活動展開

ステージ1　経営と家計の未分離

① 会計管理は未実施　　　② 白色申告
③ 就業環境は未整備の状態

ステージ2　経営と家計の分離の取り組み

① 収支計算・青色申告の取り組み
② 農業者年金の加入など労務管理の初歩の取り組み

ステージ3

ポジション1　経営と家計の分離の発展

① 経営理念・経営戦略の構築
② 複式農業簿記記帳・青色申告の取り組み
③ 労務管理の取り組み
　　労働時間、休憩・休日、
　　農業者年金、小規模企業共済、
　　中小企業退職金共済制度　等
④ 家族経営協定の取り組み
　　部門・役割分担、給与制、
　　労務管理、家庭生活　等
⑤ 雇用の導入
　　労務管理面のゆとりの確保と経営発展
⑥ 経営支援制度・税制等の活用
⑦ 経営分析・診断の取り組み

ポジション2　個人経営の発展

① 経営理念・経営戦略の再構築
② 環境変化に応じた家族経営協定の
　見直しと実践
　　＊経営継承対策
　　＊相続対策
　　＊労務管理の充実
　　＊部門・役割分担
③ 農業生産工程管理（GAP）の取り組み
④ 経営多角化・規模拡大
⑤ 経営を担える人材の確保・育成
⑥ 経営支援制度・税制等の活用
⑦ 地域・社会貢献

2019年5月
全国認定農業者協議会
全国農業会議所

　全国認定農業者協議会行動指針に基づき、農業委員会ネットワーク機構と連携して、「農業経営発展過程・経営管理モデル」応した活動を展開。

　認定農業者等が、自己の経営を改善・発展させるための課題に"気づくこと"ができるよう、事務局担当組織等と連携し、研修会を開催するなど、認定農業者組織の活動を推進。

　課題認識の基礎となる複式農業簿記記帳と青色申告が継続できる環境づくりを推進。

　課題を解決するために、関係機関・団体から必要な情報や支援が得られる体制づくりを推進。

*©全国認定農業者協議会・全国農業会議所

ポジション3　法人経営への展開

① 経営理念・経営戦略の構築
② 経営と家計の完全分離
③ 充実した家族経営協定の実践
　　＊法に基づく労務管理
　　＊部門・役割分担の明確化
　　＊経営継承・相続対策の検討
④ 法人化メリットの発揮
　　＊経営多角化・規模拡大
　　＊優秀な人材確保
⑤ 農業生産工程管理（GAP）の取り組み
⑥ 経営支援制度・税制等の活用

ポジション4　法人経営のさらなる発展

① 経営理念・経営戦略の再構築
② 更に充実した家族経営協定の実践
　　＊経営継承（後継者の確保・育成）対策
　　＊相続対策
③ 更なる法人化メリットの発揮
　　＊経営を担える人材の確保・育成
　　＊経営多角化・規模拡大
④ 経営支援制度・税制等の活用
⑤ 地域・社会貢献

Q 2　経営を発展させている農業法人の具体例を教えてください。

A point

個人農家から法人化した事例や、異業種（建設業）から新規就農し法人化した事例を紹介します

未来にはばたく農業法人　CASE 1

「れんこんの穴から世界が見える」 三兄弟で起こした農業法人

```
会社データ
○会社名：株式会社れんこん三兄弟
○代表者名：宮本　貴夫
○所在地：茨城県稲敷市
○設立年月：2010年6月
○事業内容：レンコン栽培、レンコンの農作
　　業請負。農産加工品の製造と販売など
○経営規模：26ha（生産量400t/年）
○従業員数：30名
○HP：http://renkon3kyodai.com/
```

会社概要

　株式会社れんこん三兄弟は、茨城県稲敷市で代々営んできたレンコン栽培農家を三人の兄弟が中心となって法人化した会社である。

　生産や営業・販売、経営管理等、兄弟それぞれが得意分野を活かして分担し、経営を発展させている。

農業のイメージ向上、新しい農業の形を目指して

　大学卒業後、体育講師として教鞭をとっていた長男の宮本貴夫氏は、自分を育ててくれた家業の農業が世間からは辛く苦しいものとして見られていると感じていた。『世間の農業へのイメージを良くしたい』『農業の新しい時代を切り開きたい』と決意し、2人の弟たちとともに2010年に『株式会社れんこん三兄弟』を設立した。

　個人経営時代はれんこんを全量農協に出荷していたが、それでは自分たちが丹精込めて育てたれんこんがどこで誰に購入され、どのような評価を受けているのかわからない、と物足りなさを感じた宮本社長は自らの手で販路開拓に乗り出した。はじめは直売所での販売から出発し、地道な営業努力を重ねて飲食店や小売店に販売

を広げ、現在では都内を含め150店舗あまりのレストラン等と直接取引を行っている。「飲食店や小売店と直接やり取りすることでお客さんにどんな商品が喜ばれるのかをリサーチでき、その評価を畑にフィードバックしてPDCAサイクルを回すことで、商品価値を磨くことができた」と振り返る。「れんこん三兄弟」というインパクトのあるネーミングも相まってお客さんに「作り手」の自分たちに興味を持ってもらい、身近に感じてもらうことは、目標だった農業のイメージアップにつながっていると感じている。

　取引量が増えるにつれて、家族以外の社員を雇い入れ、労働力を強化していくことが必要になった。株式会社という組織での採用は、求職者やその家族に信用を与え、人材の雇用につながったが、一方で、社員に安心して働いてもら

うために、労働環境の整備、給与面の充実など、法人として社会のルールをまもり、効率化を進め、利益を出していかなければならない。非農家出身の農業を志す若者を社員として迎え入れ、会社の一員としてともに成長し、好きな農業で定年まで働ける会社を作っていくことも農業の新しい時代つくることだと宮本社長は考えている。

　形ばかり法人化しても、いきなり売上が伸びたり、優秀な社員が雇えるようになるわけではない。会社として未来に向けしっかりと目標を定め、皆で努力を積み重ね、力強い組織を作っ

ていくことが、社会や地域への貢献、皆の幸せにつながっていく。それが法人化の強みのひとつだと宮本社長は語る。

> 株式会社れんこん三兄弟の経営理念
> 1．れんこんで、笑顔あふれる社会を次世代につなぐ
> 2．れんこんの価値と可能性を追求し、信頼をつなぐ
> 3．れんこんを愛し、仲間と共に成長し、豊かな心で社会とつながる

未来にはばたく農業法人　CASE２

「ブロッコリー企業」が農業の未来を変える！

> 会社データ
> ○会社名：株式会社アイファーム
> ○代表者名：池谷　伸二
> ○所在地：静岡県浜松市
> ○設立年月：2016年５月
> ○事業内容：ブロッコリー生産、一次加工、販売など
> ○経営規模：年間延べ140ha（生産量1,400t/年）
> ○従業員数（アルバイト含）：50名
> ○HP：https://aifarm.co.jp/

会社概要

　株式会社アイファームは、温暖な気候で年間日照時間が多い全国有数の農業都市である浜松市でブロッコリーの作付面積140haと静岡県内随一の規模を誇る法人である。社長の池谷伸二さんは建設業からの参入で農業法人を設立した。

異業種から農業へ
建設業の経験を活かしイノベーションを起こす

　もともと内装工事の会社を経営していた池谷社長は、リーマンショックによる景気の悪化や取引先のトラブル等の影響により、思うように工事が請け負えない状況が続いていた。下請けの「受け身」でする仕事ではなく「自らの手でモノを作り、販売する仕事をしたい！」という思いが募る中、「畑を無料で貸します」という看板を見つけ、農協に相談に出向いたのが就農

のきっかけとなった。

　就農当初、ブロッコリーの形が出荷規格に合わないため販売できず、在庫の山を抱えてしまった。ここで池谷社長が気付いたのは、ブロッコリーをバラして房にしてしまえば出荷規格にとらわれず、販売先でのカット加工の手間をかけないことだった。さっそく地場の大手外食チェーン店と交渉し、味や新鮮さを評価され、取り扱ってもらえることになった。発想の転換や独自の工夫から、規格にとらわれない商品を

提供することで、食品ロスの低減、コスト削減も実現している。

　異業種から新規就農した池谷社長は、農業の伸びしろや、生きるために不可欠な食物を生産する誇りのある仕事であるという大きな魅力を感じている一方で、天候に左右される難しい仕事であることや、先行きが分からないという不安も抱えていた。だからこそ、従来の人の勘に頼ったやり方ではなく、栽培管理をはじめとしたあらゆるデータを蓄積し、ビックデータや人工知能といった最先端のテクノロジーを活用して出荷量予測を行うなど、数字に基づいた組織管理をしていくことが、天候不順や災害時などに大きな被害を受けやすい「露地野菜栽培」にとって非常に重要と考えている。厳しい状況下であっても組織に力を結集し、黒字経営を実現して、「農業をやりたい！」と志して入社して

きた若者たちに不安なく活躍してもらいたいと思っている。

　夢や思いを実現してきた池谷社長でも時には経営者として悩み、相談できる人がいない孤独に直面することもある。そんな時は県や全国の農業法人協会の活動に参加し、経営者同士が情報交換や切磋琢磨できる場として、また、農業者の声を発信する場として活用しているという。

　農業に対する大きな熱意と既成の概念にとらわれない発想力で池谷社長の新しい挑戦はこれからも続いていく。

株式会社アイファームの経営理念
・社会に必要とされる生産者であり続ける
・「野菜の生産」を通じて人の健康を支える

第1章

法人化の目的、メリットなど

　3　農業経営の法人化が推進されていますが、そのねらいは何ですか？

A point

法人化推進のねらい　⇒　
＊経営改善の有効な手段となる
＊他産業並みの就業条件整備
＊農業が魅力のある職業となる

農業経営の法人化につきましては、「食料・農業・農村基本法」において、その政策方向が明確に示され、それ以降、国、都道府県、農業団体等の関係機関が一体となって、関係施策が推進されています。

その主なねらいについては、大きく次の2つが考えられます。

理由1　農業経営の改善を図る上で有効な手段となること

これまでの家族経営では、とかく農業生産中心で、加工や販売面での付加価値の向上や所得の増大といった視点は弱いものとなっていました。また、家計と経営が分離されておらず、経営改善を図ろうにも、基礎的条件が整っていないのが実態でした。

農業経営の法人化は、

① 家計と経営の分離により、経営内容の明確化が図られ、経営の複合化や多角化の条件整備になる
② 財務諸表の作成が義務づけられることにより、金融機関や販売先に対する信用力が向上する
③ 税制・金融面などで個人経営に比べ有利な

点がある

など、様々なメリットを有しており、農業経営の改善を図る上での有効な手段になると考えられます。

理由2　他産業並みの就業条件が整備されるなど、「農業」が魅力のある職業となるための基礎的条件整備になること

農業という職業には、「休日がない」、「決まった給料がない」、「労働条件が整備されていない」などのイメージ、実態がありました。こうした実態のままでは、意欲ある従事者や経営者を確保しようと思ってもおのずと限界があります。

農業経営を法人化すると、毎月の決まった給料やボーナス、休日などの労働条件や、政府管掌健康保険、厚生年金、労災保険、雇用（失業）保険といった社会保険、福利厚生の充実など、他産業では当然となっている就業条件の整備が必要になります。

このことは、農家の後継者はもとより、配偶者、さらには他産業を離職して就農しようと考えている者にとって、「農業」がより魅力のある職業となるための基礎的な条件整備につながると考えられます。

Q 4 法人化した場合、経営上どのようなメリットがありますか？

A point

経営上のメリットとしては、
* 家計と経営が分離され、経営者の意識改革が期待される
* 金融機関や取引先への信用力が向上する
* 有能な人材・後継者確保が容易になる
* 従業員の福利厚生の充実が図られる

1 経営者の意識の改革

法人には記帳義務が課せられています。計数管理によって、部門別採算性（生産・販売・労務コスト等）の把握、資本拡充・投資計画、節税対策等が可能になります。

① 経営者の意識改革

経営者としての経営責任の自覚が生まれ、効率性の追求やコスト意識、従業員や顧客に対する意識向上等の意識改革が期待できます。

② 家計と経営の分離（どんぶり勘定からの脱却）

法人の経営管理は複式簿記による決算が義務づけられているため、家計と経営が分離できます。

2 金融機関や取引先への信用力向上

法律に基づく設立登記、経営内容の報告が義務づけられることから、金融機関（資金調達先）や取引先への信用力が向上します。

① 資金調達・販路開拓の可能性

法人化により、制度資金の融資枠も大きくなります。また「企業」という印象等からのイメージの向上も期待でき、販売の交渉、資材の購入

等が有利に運ぶ可能性が広がります。また取引先として法人格を必要とする企業も少なくありません。

② 事業継承しても不変の信用力

法人経営では、取引はあくまでも、法人として行うため、法人の役員に変更があっても、法人格に変化はありませんので、一から信用を築き直す必要がありません。

3 有能な人材・後継者確保

「企業」としてのイメージ、従業員の待遇向上等により、有能でやる気のある人材の確保が可能になります。後継者の選択範囲も広がります。

① 新規就農の促進と人材確保

経営開始資金が不足し、また技術の修得が十分でない者にとっても、法人に就職することにより、給与をもらいながら農業に従事できることから、新規就農者の獲得が期待できます。若い担い手や、農外企業経験者など、多様な能力・ノウハウを持つ人材を確保することが期待できます。

② 有能な後継者の確保

家族経営の場合で、自分の子供や家族が就農

を望まない場合には経営資産が次世代に引き継げない事態となりますが、法人化を行えば、構成員、従業員の中から意欲ある有能な後継者を確保することが可能となります。

４ 従業員の福祉面や社会保障面の充実

就業ルールの明確化や、社会保険制度の適用などにより、従業員の福祉・社会保障の充実を図ることができます。

① 従業員の福祉充実

社会保険制度（厚生年金、健康保険、雇用保険等）の適用等により、雇用労働者等の福祉が保障されます。Ｉターン、Ｕターン者の増加する中、就業条件の向上は非常に有意義です。

② 就業ルールの明確化・従業員のモチベーション

給与制、就業規則、退職金制度等の就業ルールが明確化され、個人の役割分担・責任も明確になります。家族経営の場合あいまいだった家族従事者、後継者、女性等の地位も法人化によ

り確立し、働く意欲の向上につながることが期待されます。

５ 経営発展の可能性

以上の１〜４の経営上のメリットにより、「経営基盤」が確立され、更に次のような経営発展を図ることが期待できます。

① 規模拡大

農地の集積、機械・施設拡充、人材確保等により、スケールメリットを生かした農業経営が可能になります。

② 経営の多角化

生産（１次）から、加工（２次）・販売（３次）・交流事業等への多角化（６次産業化）や農商工連携を図ることにより、付加価値創造型の農業経営が可能になります。

③ 地域コミュニティの活性化

自社の農業経営の拠点である地域の経済発展、自然環境の向上等に貢献することができます。

Q 5　法人化した場合、税制上どのようなメリットがありますか?

A point

* 給与所得控除によって役員報酬への課税が軽減されます
* 農地所有適格法人などの課税の特例が受けられます
* 法人課税への低い実効税率により内部留保に対する税負担が減ります

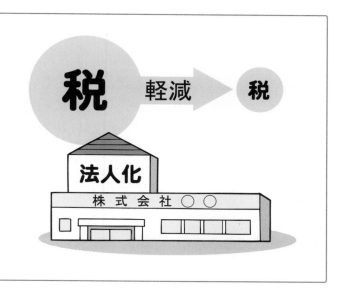

法人化した場合、税制上でも大きなメリットがあります。節税の観点からのみ法人化を考えることは望ましくありませんが、メリットの一つとしてこれを活用することも重要です。

役員報酬は給与所得になるため課税が軽減

農業法人になると代表者等役員には役員報酬を支給することになります。個人事業では代表者の報酬は事業所得となりますが、法人からの役員報酬は給与所得となります。法人が支出した役員報酬は、原則として全額が損金になる一方、代表者等役員が受け取った役員報酬からは給与所得控除が差し引かれます。このように、役員報酬は給与所得控除分に課税されないことが税制上の大きなメリットです。

また、青色申告法人の場合、赤字（欠損金）を10年間（2018年3月以前終了事業年度の欠損金については9年間）に渡って繰り越すことができ、後の年度に生じた黒字（所得）から控除することができます。農業は、市況や作況の変動により年々の所得が不安定になりがちですが、所得が膨らんだ年度の納税額を欠損金の繰越控除により減少させることができます。

農地所有適格法人に関する特例

●農業経営基盤強化準備金

農業経営基盤強化準備金制度では、青色申告をする認定農業者の農地所有適格法人が、農業経営基盤強化準備金として積み立てた金額を損金に算入します。積立限度額は、交付を受けた経営所得安定対策交付金等を基礎として計算します。

また、農用地又は農業用の機械その他の減価償却資産（以下「農業用固定資産」という。）の取得等をして農業の用に供した場合は、農業経営基盤強化準備金を取り崩すか、直接、交付金等をもって、その農業用固定資産について圧縮記帳をすることができます。農業用固定資産の取得に充てたり、積み立てた翌年度から5年経過した年度（積立てから7年目）に残ったりした農業経営基盤強化準備金は、益金に算入します。

農事組合法人に関する特例

●農業に対する事業税の非課税

　農地所有適格法人である農事組合法人が行う農業については事業税が非課税になっています。ただし、農産物の仕入販売や農産加工、施設畜産は、非課税となる農業の範囲から除かれます。また、農作業受託は、原則として非課税の対象から除かれますが、その収入が農業収入の総額の2分の1を超えない程度のものであるときは、非課税の取扱いがなされています。

●留保金課税の不適用

　農事組合法人は、組合法人であり会社法人ではないので、同族会社に対する留保金課税（特別税率）は適用されません。

●従事分量配当等の損金算入

　協同組合等に該当する農事組合法人が支出する従事分量配当の金額は、配当を支出した事業年度ではなく、配当の計算対象となった（事業に従事した）事業年度の損金に算入します。また、従事分量配当は、事業に従事した（役務の提供を受けた）課税期間において消費税の課税仕入れとなります。ただし、インボイス制度の実施により、免税事業者の組合員に対する従事分量配当の仕入税額控除が制限されます。

　法人税法上、農業経営の事業（2号事業）を行う農事組合法人で事業に従事する組合員に対し給料、賃金、賞与その他これらの性質を有する給与を支給するものは普通法人となり、それ以外は協同組合等として取り扱われます。

　なお、利用分量配当（事業分量配当）は共同利用施設の設置等の事業（1号事業）に対応するもの、従事分量配当は農業経営の事業（2号事業）に対応するものです。協同組合等に該当する農事組合法人の場合、利用分量配当（事業分量配当）も損金に算入しますが、共同利用施設の設置などの事業を行わず、農業経営のみを行う農事組合法人は、利用分量配当を行うことはできません。

　一方、従事分量配当は、組合員にとっては事業（農業）所得となります。また、従事分量配当は、組合員にとっては消費税の課税売上げとなりますが、組合員が免税事業者の場合には、実際の納税負担はありません。

●その他

　①新たに組合員になるものが支払った加入金の益金不算入、②法人の設立などにかかる登録免許税の免除、③出資証券の印紙税の非課税があります。

<u>Q</u> 6　一定の所得規模になると法人化した方が税制面で有利だと聞きますが本当ですか?

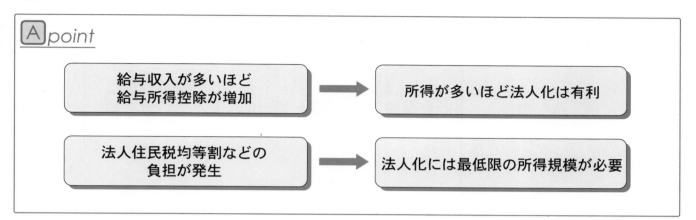

所得規模が大きいほど役員報酬を多くできる

　個人事業の所得規模が大きいほど、法人化したときの役員報酬を多くすることができます。給与所得控除は給与収入に応じて増えます。例えば、給与収入が360万円のときの給与所得控除は116万円、850万円超のときは一律に195万円です。代表者の役員報酬が月額100万円だと年間の給与収入が1,200万円で給与所得控除が195万円、基礎控除などの所得控除を仮に105万円とすると、課税所得金額が900万円になりますが、課税所得金額が900万円までであれば基本的には役員報酬を増額した方が有利になります。これは、個人課税の実効税率が所得金額900万円までは33%（所得税23%＋住民税10%）で、中小法人の法人課税の実効税率の34%（年所得金額800万円を超える場合）を下回るからです。

　ただし、役員報酬が月額30万円を超えて代表者個人の課税所得金額が330万円を超える場合、法人の年所得金額が800万円以内（中小法人の実効税率21%〜23%）に収まるのであれば、個人の実効税率30%（所得税20%＋住民税10%）が法人課税の実効税率を上回るため、役員報酬を増額するよりも法人に利益を留保した方が個人と法人のトータルの税負担が軽くなります。

法人住民税均等割などの負担を考慮すれば最低限の所得規模は必要

　法人化すると赤字でも最低年7万円の法人住民税均等割が課税されます。したがって、月額30万円（年収360万円）程度の役員報酬を設定して黒字になるのでなければ、法人化のメリットはありません。

　なぜなら、役員報酬による給与所得控除による所得税の減少額が、法人住民税均等割の7万円を上回らないと税金が少なくならないからです。年収360万円の場合、給与所得控除が116万円になりますが、この場合、個人経営のときの青色申告特別控除の65万円（電子申告または電子帳簿保存の場合）よりも所得控除額が51万円上回ります。この場合、所得控除額が増えることで減少する納税額は、所得税の税率を10%、住民税の税率を10%とすると合わせて10万円程度になります。

　白色申告の個人経営が法人化する場合には、給与所得控除額の最低額を下回らない限り、所得規模が小さくても法人化のメリットが生ずることになりますが、白色申告の場合には、まず、青色申告に切り替えて簿記記帳などの経営管理能力を向上させてから法人化する方が無難です。

Q 7　法人化により税金や社会保険料などの負担額はどう変わりますか？

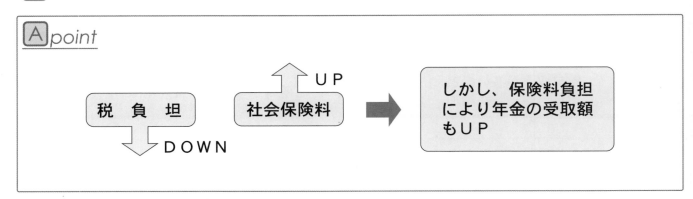

　例えば、事業主の農業所得が600万円（月収50万円）の経営を法人化する際に、法人が赤字にならない範囲で役員報酬を設定した場合、社会保険に加入しなければ役員報酬を600万円とすることができます。しかし、社会保険に加入する場合、保険料は役員を含む従業員と折半になるため会社にも負担が生ずることから、その分、役員報酬を少なめに設定しないと会社が赤字になってしまいます。右表の例では、法人化により役員報酬を474万円とした場合に社会保険料の会社負担と併せた経費が600万円程度になり、法人の課税所得がほぼゼロ（表では23,000円）になります。この場合の家族全体の所得税・住民税の負担は、新たに生ずる法人税等の負担を考慮しても28万円程度減少し、法人化前の3分の2程度になります。

　一方で、法人化により社会保険料負担が増加することになります。厚生年金保険料も含めた社会保険料全体を税金と同様の負担と考えた場合、法人化によってむしろ経営全体の税・社会保険料負担は増えることになります。また、法人化の際には、家族従事者や従業員分の社会保険料の負担増も考慮しなければなりません。特に、従業員の分の社会保険料については、従業員の数が多いほど法人化に伴う社会保険料の負担が大きくなりますが、社会保険料は人材確保による経営発展のために必要なコストと考えて割り切る覚悟も必要です。

　ただし、医療など健康保険の給付内容は基本的に保険料に連動しないものの、厚生年金の受取額は保険料すなわち報酬に比例します。つまり、厚生年金保険料は老後の備え、いわば貯蓄のようなものと考えることができます。そこで社会保険料のうち健康保険料のみを純粋な負担と考えた場合、所得税・住民税と健康保険料の合計は、会社負担分を含めても法人化後の方が少なくなり、有利になります。なお、家族従事者の多い経営ほど、家族全体の社会保険料負担の増加によって法人化の金銭的メリットは少なくなりますが、一方で、就業条件の充実により後継者を確保しやすくなることも法人化のメリットとなります。

夫婦で農業に従事する場合のモデル試算表

本試算表はモデルなので、税の計算については税理士・税務署におたずねください。

（農業所得約1,000万円、扶養家族2人を想定。役員報酬の設定率79.0%として試算^(＊1)）　　　　　（単位：円）

従事者2人	個人経営		法人経営（資本金1千万円以下）			備考
	夫（事業主）	妻（専従者）	夫（代表役員）	妻（役員）	法　人	
農業所得	6,000,000	3,600,000	4,740,000	3,600,000	23,748	給与収入/法人所得
青色申告/給与所得控除	650,000	1,160,000	1,388,000	1,160,000		給与所得控除
所得金額	5,350,000	2,440,000	3,352,000	2,440,000		
国民健康保険	820,000		246,000	180,000		健康保険（従業者）
			246,000	180,000		健康保険（会社）
国民年金	199,080	199,080	450,180	329,400		厚生年金（従業者）
			467,892	342,360		厚生年金（会社）、子ども・子育て拠出金
保険料控除	65,000	50,000	65,000	50,000		
扶養控除	760,000	0	760,000	0		
基礎控除	480,000	480,000	480,000	480,000		
所得控除計	2,324,080	729,080	2,001,180	1,039,400		
課税所得金額（所得税）	3,025,000	1,710,000	1,350,000	1,400,000	23,000	法人税・法人事業税課税所得
課税所得金額（住民税）	3,195,000	1,775,000	1,520,000	1,465,000	3,000	法人住民税課税所得
所得税	205,000	85,500	67,500	70,000	3,700	所得税/法人税・地方法人税
住民税	324,500	182,500	157,000	151,500	70,900	住民税/法人住民税・事業税・特別法人事業税
税負担		797,500			520,600	280,600
税+健康保険（会社負担除く）負担		1,617,500			946,600	657,900
税+健康保険（会社負担含む）負担		1,617,500			1,372,600	231,900
税+社会保険（会社負担除く）負担		2,015,660			2,152,180	−150,720
税+社会保険（会社負担含む）負担		2,015,660			2,962,432	−960,972

（「税負担」〜最終行の右端列は「負担軽減額」）

国民健康保険料の算定基礎については、

	医療分	後期高齢者支援金分
所得割率	6.9%	2.9%
均等割額（一人当たり）	26,070円	10,740円
平等割額（一世帯当たり）	17,090円	7,040円
最高限度額	630,000円	190,000円

として試算した。

社会保険料^(＊2)の保険料率は、

健康保険料	10.00%
厚生年金保険料	18.30%
子ども子育て拠出金率	0.36%

である。

＊1：法人経営において課税所得がほぼゼロとなるよう、社会保険加入による事業主（会社）の保険料負担相当額を法人化前の農業所得から控除して役員報酬を設定した。

＊2：健康保険料率は全国健康保険協会による平均である。厚生年金保険料は令和2年7月現在のものである。

Q 8　法人化に対する支援策にはどんなものがあるのですか？

A point

* **法人設立段階の支援**
  設立相談・指導等
* **法人設立後の支援**
  マーケティング力、技術力向上のための実践活動への助成や食品業界等との交流の場の設定等

設立相談・指導

農業法人に対する支援

① 法人の設立段階

都道府県段階に置かれた農業経営相談所（国の事業を活用して設置）、農業委員会ネットワーク機構（農業会議）等が法人設立に当たっての相談・指導の濃密な支援を実施しています。

② 法人設立後

農業法人の全国組織・公益財団法人日本農業法人協会は、法人設立後、全国各地で活躍する農業法人の会員相互の交流や情報交換を行う場となっています。

会員限定のサービスとして、メールマガジンなどで経営改善に役立つ情報提供に力を入れるとともに、各界の著名人を講師に迎えたセミナーや課題別・地域別等の研修会や交流会を開催。法人経営に有用な人材の確保や円滑な就農に結び付ける取り組みなど幅広い活動を行っています＜ 第6章55参照 ＞

法人が認定農業者*に認定された場合

スーパーL資金の低利融資や経営所得安定対策など、認定農業者になると受けられる様々な制度上の支援措置が用意されています（Q50参照）。

地域の畜産の核となる協業法人を設立する場合

設立から経営安定に向けた指導及び施設の整備が受けられる支援策があります。

＊「認定農業者制度」は、市町村が地域の実情に即して育成すべき農業経営の規模や所得等の目標を明らかにし、この目標を目指して農業経営の改善を進めようとする農業者を市町村等が認定する制度。認定農業者はこの制度により認定された者のことです。

Ⓠ 9　農業法人と個人では、資金の借入に違いがあるのですか？

Ⓐ *point*

法人化した場合、
* ＊ 制度資金の融資限度額が拡大
* ＊ 一定の要件を満たせば、無担保・無保証で最大１億円の貸付が受けられます

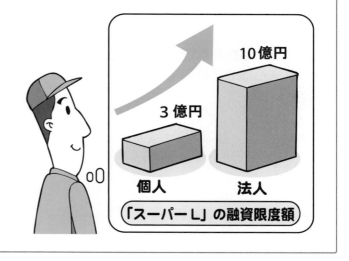

経営の運営と資金調達は切り離せない問題です。資金は「経済の血液」と呼ばれるように、その調達・運用が経営を大きく左右します。農業法人の場合、政策上、設けられている各種制度資金の融資枠は個人経営より大きく設定されているだけでなく、一般的に、法人経営の方が個人経営よりも資金調達における信用力があり有利です。

主な制度資金融資枠の比較（概要）

	個人	法人	問い合わせ先
農業経営基盤強化資金（スーパーＬ）	3億円（特認6億円）	10億円（特認20億円、一定の場合30億円）	最寄りの政策金融公庫支店（以下、公庫）
農業経営改善促進資金（スーパーＳ）	500万円（畜産・施設園芸は2,000万円）	2,000万円（畜産・施設園芸は8,000万円）	ＪＡ
農業近代化資金	1,800万円	2億円	ＪＡ
経営体育成強化資金	1億5,000万円	5億円	公庫
農業改良資金	5,000万円	1億5,000万円	公庫
畜産経営環境調和推進資金	3,500万円（特認1億2,000万円）	7,000万円（特認4億円）	公庫

Q 10　法人化した場合、新たな義務や負担が生ずることはないのですか？

A *point*

* 法人化は有利な面がある半面、
  事務処理や金銭面での負担が伴います

　法人化をするだけで農業経営が改善されるわけではありません。

　法人化は有利な面がある半面、一方では、一定の事務処理や金銭面での負担が必要となります。これらを十分熟知した上で、自らの判断として法人化に取り組むことが必要です。

税　　制

① 所得が少ない経営では税負担等が増加することがあります

　　● 所得の少ない経営では負担が増大します。個人経営では所得がない場合は所得税等の負担がありませんが、法人の場合は利益がなくても最低限地方税が７万円負担（都道府県民税均等割額２万円、市町村民税均等割額５万円（地方公共団体によっては減免措置があります。））となります。

　　● 会計が企業会計原則によるため多少手数を要します。

　　● 会計事務や税務申告を専門家等に依頼する場合には経費負担が増加します。

② 農地の権利を取得した場合には多額の税負担が発生することがある

　　● 法人が構成員等個人の所有している農地を法人所有にするには、元の所有者個人に譲渡所得税の負担があります（現物出資でも譲渡とされる）。特に地価の高い地域での所有権移転には困難性があります。

社 会 保 険 制 度

　社会保険の加入に当たっては経費の負担が必要となります。＜第１章11参照＞

安 全 衛 生 教 育

　法人化により経営拡大を図る場合、従業員を雇用する機会が増加します。個人経営・法人経営に関わらず労働者を雇い入れた場合は、労働安全衛生法第51条により、機械の取扱いや作業手順、疾病の予防、事故時等の応急措置など安全衛生教育の実施が義務付けられます。

Ⓠ 11　法人化した場合、社会保険の取扱いはどうなるのですか？

Ⓐ *point*

＊　１人でも従業員がいる法人は、社会保険（労災・雇用・健康・厚生年金）に強制加入となります

社会保険の個人と法人の比較		
	個　人	法　人
労働保険	労災保険 雇用保険	労災保険 雇用保険
健康保険	国民健康保険	政府管掌健康保険
年金保険	国民年金 農業者年金	厚生年金保険

労 災 保 険

　労災保険は、労働者が仕事上の原因で怪我や病気にかかったときなどに補償する制度で、通勤途中の事故も補償の対象となります。個人経営の農業の場合には従業員数５人未満であれば原則として任意加入ですが、法人の場合は１人でも従業員（雇用形態を問いません）を使用していれば、強制加入となります。本来、「労働者」を念頭においた制度であるため、法人の役員（業務執行権を有する者）は保護の対象外ですが、一定の条件（従業員数300人以下など）を満たしていれば、申請により特別加入が認められます。＜ 第４章37参照 ＞

雇 用 保 険

　雇用保険は、労働者の失業などに備えるための保険制度です。個人経営で労働者数５人未満の農業では任意加入ですが、法人の場合は１人でも対象となる従業員を雇用していれば強制加入です。法人の役員（業務執行権を有する者）は、保護の対象外となっています。パートタイマー

については、一定の条件に該当すれば、適用対象になります。＜ 第４章37・39参照 ＞

健 康 保 険

　健康保険は、業務外の怪我・病気や出産などに備えるための保険制度です。個人経営の農業は従業員数に関わりなく任意加入ですが、法人の場合は１人でも対象者がいれば強制加入です。保険の対象となるのは、従業員（パートタイマーに関しては、一定の条件があります）及び法人の役員です。＜ 第４章38・39参照 ＞

厚 生 年 金 保 険

　厚生年金保険は、勤労者の老齢・障害・死亡に備えるための保険制度で、全国民共通の国民年金（基礎年金）に上乗せして給付を行います。加入の基準については、原則として健康保険に準じますが、健康保険と異なり「70歳未満の者」という制限があります。＜ 第４章38・39参照 ＞（法人化と農業者年金の留意点については、＜ 第３章25・26参照 ＞）

第2章

農業法人の設立

Q12　法人化しようとする場合、法人の形態にはいろいろありますが、どのように選んだらいいのですか？

A point

* 家族経営を法人化する場合は、株式会社が一般的
* 仲間でつくる組織法人、集落営農法人は、設立する法人の状況に応じ、会社型法人か農事組合法人を選択

　いよいよ法人を設立する段階になった場合、法人形態の選択は重要なポイントです。会社法人にするのか、組合法人にするのか、また家族経営をそのまま法人化するのか（１戸１法人）、仲間と力を合わせて１つの法人を設立するのか、集落営農を法人化するのか―です。

　法人形態の選択に当たっては、家族や仲間、地域の事情や資金など現時点での状況だけでなく、規模拡大や加工事業など将来の経営展開をにらんだ中長期的な視点が必要です。

＜第２章11・13・14・15、第３章28参照＞

1　会社法人か農事組合法人か

　法人形態を大きく分けると、会社法人と農事組合法人とに分けられます。

　会社法人は、営利目的の法人です。その中でも株式会社は、社員の地位が株式という細分化された割合的単位の形式をとり、出資者は別段の制限なく出資に応じて株式数を取得できます。また、株主総会において株式数に応じた議決権（１株１議決権の原則）の行使を前提として決議がなされ、日常的な業務については取締役が決定する仕組みになっています。その意味で、株式会社は、より多くの出資者を集め、迅速な経営の意思決定をしていくのに適した組織といえます。

　会社法人の中でも、合同会社は株式会社と同じく対外的に有限責任を負担する社員で構成されている会社です。ただ、対内的には合同会社は、株式会社とは異なった仕組みをとっています。合同会社では、原則として、出資者たる社員が、自ら会社の業務執行に当たり、総社員の一致により定款の変更などその他会社のあり方を決定します。したがって、比較的少人数で会社運営を行う場合に適した組織といえます。そのため、合同会社は、今後増加していくことも予想されます。

　その他会社法人としては、合名会社・合資会社があります。しかし、それらの会社の社員全部または一部は、対外的に無限責任を負担する関係で、負担が重いことから実際上はあまり利用されていません。

　これに対し、農事組合法人は、農業の協業による共同利益の追求を目的とする組織です。このため、構成員の公平性が重視されており、議決権が１人１票制、常時従事者の外部雇用に制限がある、１人の者の出資口数の最高限度を定款に記載するといったことが特徴的な点です。また、構成員が農民等３人以上必要であることも特徴です。

　したがって、農業経営と同時に、農業施設

の共同利用や農作業の共同化を主として行う場合、すなわち構成員の出資口数や規模等が等質的であり、利害関係が相反する可能性が低く、機動的な意思決定がそれほど必要でない場合は農事組合法人の形態を選択するのが妥当と思われます。<第2章18参照>

2　家族経営法人か組織法人か

家族でつくる家族経営法人（1戸1法人）

家族経営法人はその名のとおり家族経営がそのまま法人化したものです。家族の同意と協力があれば法人化できますので、つくりやすい形態です。株式会社は構成員は1人でも設立が可能で、組織（協業）の煩わしさがないことと、農事組合法人は、構成員が農民等3人以上必要であることから家族経営の新設法人の多くは株式会社です。

しかし、家族で構成しているといっても、社会的な責任を有する法人であることに変わりありません。「事務所は自宅の茶の間」、「就業規則もない」、「運営は依然として親父の胸三寸」―では法人としての成功は難しいでしょう。この点は、だれも注意する人がいないだけに、経営者の自覚がなにより大切です。<第3章30参照>

仲間でつくる組織法人

組織法人は、個人経営に比べスケールメリットを追求し、より企業的な農業経営を展開するうえで適した形態です。より多くの人材と資金が集まることで、個人経営の何倍もの事業ができます。組織こそ、企業の本質といえます。

しかし、組織の運営にはシステム（仕組み）とリーダーが必要です。誰がリーダーになっても走れるシステムのうえで、たくさんの人間を引っ張っていけるリーダーがいて初めて運営が

うまく行きます。ここには、個人経営の気ままさはありません。

会社法人か農事組合法人かの選択基準は、構成員のおかれている状況と法人が行おうとする事業内容とにより大きくかかわってきます。農業に意欲のある人たちが企業的農業経営を追求するのであれば会社型法人を選択すべきです。同じように意欲があっても、中山間地など経営条件の厳しい地域で仲間が力を合わせていこうという場合、農業施設の共同利用や農作業の共同化など限定した事業を行う場合には、農事組合法人のほうが関係者の理解を得られやすいかもしれません。しかし、経営にスピードが求められる今日の経済情勢の下では、議決権が1人1票である農事組合法人は組織の合意形成に時間を要する可能性があることについて留意してください。

いずれにしても、現実にはどちらも利益を追求することに変わりはありません。それなくしては、経営体として存続できないからです。<第3章31参照>

集落ぐるみでつくる集落営農法人

中山間地域など担い手の不足する地域や集落内農地の維持・管理などを目的としている法人形態の選択基準は、仲間でつくる組織法人と同様に、その集落の農業者等のおかれている状況とかかわります。

合同会社は、その内部関係の規律上、実際上社員の人数は制限されます。これに対して、大きな集落営農で全員参加型のものについては、構成員の数に上限がなく、多くの人に参加を求めることができる農事組合法人や株式会社、一般社団法人などが考えられますが、協業と構成員の公平性を重視した全員参加型の法人化の多くは農事組合法人です。<第5章参照>

Q 13　株式会社などは会社法、農事組合法人は農業協同組合法に基づいて設立されると聞きましたが、その違いと留意点などについて教えてください。

A point

* 株式会社は１人以上で設立できますが、農事組合法人は農民等が３人以上いないと設立できません

* 雇用労働力については、株式会社については制限がありませんが、農事組合法人については組合員や同一世帯の家族以外の従事者は３分の２以下に限られます

* 株式会社は出資額に応じて多数決で迅速な意思決定ができるのが特徴です。農事組合法人は１人１票となることに注意する必要があります

* 株式会社には会社法による規律が、農事組合法人は農協法にもとづく規律があります

会社法人と農事組合法人の比較

会社法では、株式会社のほか、合資会社、合名会社、合同会社の４つの法人形態が定められており、会社法人と呼ばれます。これに対して、農協法で定められているのが農事組合法人です。会社法人と農事組合法人の差異は別表（合資会社と合名会社は省略してあります）にあるとおりです。これらの主な点を順に説明しますと、以下のとおりです。

①事業の範囲

事業の範囲について、会社法人は会社法による事業の範囲に制限はありませんが、農地所有適格法人となるには、農業と関連事業の売上高が全体の過半であること（事業要件）が求められます。農事組合法人は農協法に基づき、農業に係る共同利用施設の設置・農作業の共同化に関する事業、農業経営とこれらの付帯事業に制限されています。具体的には、農事組合法人では飲食店（生産した農産物の加工として小規模に行うものを除く。）や除雪の事業を行うことはできません。

②構成員

構成員についても、会社法人は制限がなく、１人でも設立できるのに対して、農事組合法人の場合は構成員が農民等に限られ、しかも農民が３人以上いないと設立できません。

役員については、会社法人である株式会社では取締役や監査役と呼ばれ、合同会社では業務執行社員と呼ばれるのに対して、農事組合法人では理事、監事と呼ばれます。株式会社の取締役は株主でなくても就任できますが、農事組合法人の理事は農民である組合員に限られます。

③雇用

雇用労働力については、会社法人では制限がありませんが、農事組合法人の場合は組合員以外の常時従事者が常時従事者総数の３分の２以下でなければならないという制限があります。

④法人税、事業税、登録免許税

法人税の税率は表に掲げるとおりですが、協同組合等に該当する農事組合法人では、年所得が800万円等を超える部分の税率が低くなっています。農事組合法人で協同組合等に該当するのは組合員に給与を支給しない場合です。

事業税については、農事組合法人においては、農地所有適格法人が行う農業については非課税となっています。

設立時の登録免許税も、会社法人では資本金の1000分の７が基本なのに対して、農事組合法人では非課税となっています。

⑤組織変更

組織変更については、株式会社から合同会社、合同会社から株式会社、農事組合法人から株式会社や一般社団法人への変更は可能ですが、会社法人から農事組合法人への変更はできません。

会社法人と農事組合法人の比較

		株式会社	合同会社	農事組合法人
根拠法		会社法		農業協同組合法
事業		事業一般		①農業に係る共同利用施設の設置・農作業の共同化に関する事業 ②農業経営、①及び②の附帯事業
構成員	資格	制限なし（ただし、農地所有適格法人となる場合には、農地法の要件を満たす必要がある）		農民等
	数	1人以上（上限なし）		農民3人以上（上限なし）
会社の基本方針の決定		1株1議決権による株主総会の議決	1人1議決権による全員一致（定款で変更可）	農民1人1票制による総会の議決
役員		①取締役1人以上（必置・株主外も可）。（注1） ②監査役（任意・株主外も可）	業務執行社員1人以上	①理事1人以上（必置・農民である組合員のみ） ②監事（任意・組合員外も可）
雇用労働力		制限なし	制限なし	組合員（同一世帯の家族を含む）外の常時従業者が常時従業者総数の2/3以下
資本金		制限なし	制限なし	制限なし
法人税（注3）	税率	資本金1億円超の法人　　　　　　　　　　　23.2%（注2） 資本金1億円以下の法人 　年所得800万円以下　　　　　　　　　　15%（注3） 　年所得800万円超　　　　　　　　　　23.2%（注2）		①組合員に給与を支給する法人（普通法人に該当）左記に同じ ②組合員に給与を支給しない法人（協同組合等に該当） 　年所得800万円以下　　15%（注3） 　年所得800万円超　　　19%
	その他	同族会社の留保金課税の適用あり（平成19年度税制改正で中小企業を除外）		同族会社の留保金課税の適用なし（会社でないため）
事業税（注4）		①資本金1億円超の法人　　　　　　　外形標準課税 ②資本金1億円以下の法人 　年所得400万円以下　　　　　　　　　　3.5% 　年所得400万円超800万円以下　　　　　5.3% 　年所得800万円超　　　　　　　　　　7.0%		①農地所有適格法人が行う農業（畜産業、原則として農作業受託（注5）を除く）非課税 ②特別法人（協同組合等）の場合 　年所得400万円以下　3.5% 　年所得400万円超　　4.9% ③普通法人の場合 　左記②に同じ
設立時の登録免許税		資本金の額の7/1,000（最低15万円）	資本金の額の7/1,000（最低6万円）	非課税
組織変更		合同会社に変更可 農事組合法人への変更は不可	株式会社に変更可 農事組合法人への変更は不可	株式会社又は一般社団法人に変更可 合同会社への直接変更は不可

（注1）公開会社の場合の取締役は3人以上。
（注2）平成28年度税制改正により、2018年4月1日以後に開始する事業年度に適用。
（注3）平成31年度税制改正による適用期限の延長で2012年4月1日から2021年3月31日までの間に終了する事業年度に適用。本来は19%。
（注4）平成31年度税制改正により、地方法人特別税に代わる恒久的な措置として、法人事業税の一部を分離して特別法人事業税及び特別法人事業譲与税が創設され、2019年10月以後に開始する事業年度から適用。
（注5）農作業受託の収入が農業収入の総額の2分の1を超えない程度のものであるときは非課税。

法人形態を選ぶ際の考え方

①会社法人とは何か。株式会社と合同会社の違いは？

会社法人は、営利を目的とする法人です。営利とは収入から支出を引いた利益を構成員で分配することを目的としているという意味です。

○株式会社と持分会社

会社法人には、「株式会社」と「持分会社」があります。

株式会社では定款の変更を株主総会の決議により、株式の数に基づいた多数決で決めることができます。これに対して、少人数の者が互いの信頼を基礎にして共同で自

ら事業を行うことを想定した形態である持分会社の場合は、定款の変更に総社員の同意が必要となります。

多数が参加して合意形成が困難となることが見込まれる場合には、持分会社である合同会社は適しているとはいえません。逆に出資者が限られ、相互の信頼に基づいて活動し、出資者自らが経営者になる場合には合同会社も選択肢となるでしょう。

○有限責任と無限責任

構成員の責任が出資の範囲に留まるのが有限責任社員で、出資の範囲にとどまらず責任を負うのが無限責任社員であり、この構成の違いによって合資、合名、合同の違いがあります。構成員のうち、全員が無限責任であれば合名会社、全員が有限責任であれば合同会社か株式会社、無限責任社員と有限責任社員の両方がいる場合が合資会社となります。

○有限責任だけなら株式会社か合同会社

会社法人のなかで、責任を出資の範囲に限定するのであれば、株式会社か合同会社のいずれかを選択することになります。

株式会社は会社法人の基本であり、商法改正によって会社法となってからは、取締役会が原則として任意設置となり出資者1人が取締役となって設立することも可能となりました。家族経営の法人化であれば株式会社を選択することが一般的です。

農業者数名が互いの信頼関係をもとに設立するのであれば合同会社も考えられます。

外部からの出資を積極的に受け入れていくのであれば、合同会社とした場合、全員一致が意思決定の妨げとなることも想定しておく必要があるでしょう。

②農事組合法人と株式会社

農事組合法人は、農業生産の協業による共同の利益の増進を目的とする法人です。構成員の公平性が重視され、議決権は出資額にかかわらず、1人1票となっているのが会社法人との大きな違いです。

出資額に応じて、多数決で迅速に意思決定ができる点が株式会社の特長です。農事組合法人は税制上のメリットがある一方で、出資額にかかわらず合意形成を進めなくてはならない点に注意が必要です。

旧有限会社が通常の株式会社へ移行する場合

会社法の施行時に既に設立されていた有限会社は、会社法の施行後も有限会社法にある特有の規律については、その実質が維持されることとなっています。このような旧有限会社が通常の株式会社に移行するためには、(1) 定款を変更してその商号を「株式会社」という文字を用いたものに変更するとともに、(2) 定款変更の決議から、本店の所在地においては2週間以内に、当該旧有限会社についての解散の登記及び商号変更後の株式会社についての設立の登記をすることが必要となります。

そして、農地所有適格法人としての要件を満たすためには、定款に株式の譲渡についての株主総会又は取締役会の承認を要する旨を定める必要があります。

Q 14　一般法人が農業に参入する場合、どのようなことに注意しておいた方がよいですか？

A point

* ＊ どのような参入の方法を選択するのかよく検討しましょう
* ＊ 本業との関係も考えながら、農業に参入する目的を明確にする必要があります
* ＊ 個人で新規参入する場合と同様に、農地、技術、販路、資金等の確保が課題となります

目的に応じた十分な検討が必要

　農業に参入しなくても、契約栽培や農商工連携などで農業と関係を持つことは可能です。参入を考えている目的に応じて、これらの方法についても検討してみてください。

　自ら農業経営のリスクを負担するのではなく、農作業のみを事業として作業料金を受け取るのであれば、企業がそのまま参入することが可能です。また、農地を使用しない農業経営（購入飼料を使用した畜産等）であれば、同様に企業がそのまま参入できます。

　農地の権利移動を伴う場合でも、解除条件付き貸借を利用すれば、一般法人がそのまま参入することが可能です。ただし、農地を所有したい場合、要件を整えた農地所有適格法人を設立する必要があります。

本業との関係を考えて堅実な検討を

　一般法人が農業に参入する場合、個人での新規参入とは異なり、本業にとっての農業のメリット、本業と農業を両立するための条件等を踏まえて、何のために農業に参入するのか、その目的を明確にする必要があります。例えば、次のようなメリットや条件等が考えられます。

①食品関連産業であれば、自ら農業生産を行うことで、商品や原材料の（独自の仕様に即した）品質・数量を確保することにつながります。食品関連産業以外でも、農産物を原材料に使う製造業であれば同様です。

②商品や原材料として確保したい農産物の栽培技術が、一般の生産者の中で確立していない

場合には、研究・開発の目的での参入もあります。

③本業の事業内容によっては、年間を通じて労働時間が一定していないものもあると思われます。このような場合には、農業との組み合わせによって、労働時間の季節変動をうまく平準化することも考えられます。また、定年延長などで生じた余力を農業に振り向けるというのも１つの方法です。

④年間を通じて活用しきれていない、あるいは事業環境が変わったために遊休化している土地・施設を活用して、施設型の園芸や畜産に参入するのも選択肢の１つとなります。

⑤他産業からの知見を持ち込むことで、既存の農業とは異なる新たな商品開発や販売方法の発見など新たなビジネスチャンスにつながる可能性があります。

⑥農業の多面的機能からくる環境への貢献や地域社会の維持という側面は、CSR（企業の社会的責任）の取り組みの１つになりえます。

⑦農業の継続が地域社会の維持につながることで、地域の農業以外の産業の需要創出にも関係してきます。

⑧農作業が持つ精神・身体に与える良好な影響を利用することで、社員への福利厚生の一環として、また社外に向けての福祉事業として取り組むことが考えられます。

⑨農業に関連する事業から派生して、農業参入につながるケースもあります（例えば、本業で生じた廃棄物を肥料・飼料に製造する事業が起点となり、その肥料・飼料を使用した農業を開始するということもありえます）。

ただし、メリットは状況次第で変わってきます（安定的な供給が契約栽培で得られるのであれば原材料の自社生産のメリットはなくなり、また、本業（例えば建設業）が好調になれば新規事業を開拓するメリットは低くなります）。

また、気候風土や短期的な天候の変化が、農業生産に影響を与えるのは、企業が農業を行うときでも同様です。農産物価格の低迷等の条件も容易に変わるものではないので、企業が参入すれば、農業がすぐに変わるというものではありません。メリットだけではなく、リスクも検討して、堅実な参入を実現するようにしましょう。

地域の関係機関に相談しましょう

一般法人が農業に参入する場合であっても、個人が新規参入するときと同様に、農地、技術、販路、資金等の確保が大きな課題となります。ただし、本業の内容等によって、個人で新規参入するよりも有利になる場合があります。

農地の権利取得は、金銭の問題だけではスムーズに進みません。しかし、地域に根差す企業であれば、社内あるいは取引先等の地縁・血縁を通じて、農地の権利取得に通じる情報を収集できたり、仲介を得られたりする場合があります。

技術の習得についても、社内に農業経験者がいれば、研修にかける時間・資金を節約することができます。

販路については、食品関連産業であって自社で使用する原材料の生産をするために参入するのであれば、最初から確保されていることになります。

資金については、個人の新規参入に対する国からの支援制度は整備されていますが、一般法人向けに限定したものはほとんどありません。しかし、本業の業績が順調であれば、通常は個人よりも資金の確保が容易であると考えられます。

このように有利な条件が整っている場合ばかりではないでしょう。課題解決のためには、参入を考える地域の市町村・農業委員会など地方自治体の窓口や農協等の関係機関への相談が重要となります。企業単独で計画を進めるのではなく、これら地域の関係機関との連絡を密にとるようにしてください。

なお、「認定農業者」になれば一般法人であっても制度資金の金利負担軽減等の支援措置の対象となります。認定農業者とは、規模拡大や生産方式、経営管理、農業従事等について今後5年間の「農業経営改善計画」を作成し、市町村等から認定された経営体です。計画の認定を受けて認定農業者になるには、市町村が地域の実情に応じて効率的・安定的な農業経営の目標等を示した「基本構想」に合致するほか、農地の総合的で効率的な利用を図るものであることなど要件を満たす計画である必要があります。

15　一般法人（農地所有適格法人以外の法人）が農業を経営する場合、どのような要件が必要ですか？

A *point*

＊　解除条件付き貸借については地域の農業者等との適切な役割分担、１人以上の業務執行役員が常時従事するなど一定の要件の下での農地を借りて農業経営をすることができます

担い手不足地域での農地利用を期待

　平成21年の農地法改正により農地を解除条件付きで借りる場合に限り、権利取得ができるようになりました。これは、地域に担い手が不足している場合などに、多様な農地の利用者が期待されているためです。

　また、同改正によりこれらの者が適正に農地を利用できるよう、農地の貸借の許可を取り消す等の担保措置が設けられています。

一般法人は貸借に限って農地の権利取得ができます

　具体的には、以下の要件が必要となります。
①農地法３条による権利取得の場合で、農地を適正に利用していない場合には、貸借契約を解除する旨の条件（解除条件）が契約書に付されていることです。
②農地中間管理事業推進法の農用地利用集積による権利取得の場合は、解除条件が付されている農用地利用集積等促進計画を作成します。
③地域の他の農業者と適切に役割分担し、継続的・安定的に農業経営が行われることです（話し合い活動への参加、ため池等の共同利用施設の取り決めの遵守、獣害被害対策への協力等をいいます）。これらについて、例えば、農地等の権利を取得しようとする者は、確約書を提出すること、農業委員会と協定を結ぶこと等が考えられます。
④業務執行役員又は権限及び責任を有する使用人の１人以上が農業に常時従事することです。権限及び責任を有する使用人とは、支店長、農場長、農業部門の部長その他いかなる名称であるかを問わず農業に関する権限と責任を有し、地域との調整役として責任を持って対応できる者をいいます。

　そのほか、農地利用に関する基本的な要件として、❶農地の全てについて効率的利用（機械、労働力、技術）、❷周辺の農地利用に支障を生じないこと（地域調和要件）などですが、詳しくは関係市町村農業委員会におたずねください）があります。

　なお、解除条件付貸借の場合の許可には、使用貸借権又は賃借権の設定を受けた者が毎年、農地の利用状況について農業委員会に報告しなければならない旨の条件が付されます。

Q 16　農業生産法人は平成28年4月に名称や要件がどのように変わったのですか？

A point

＊ 農業法人とは、「法人形態」によって農業を営む法人の総称
＊ 農地所有適格法人は、農地を所有できる要件を備えた法人

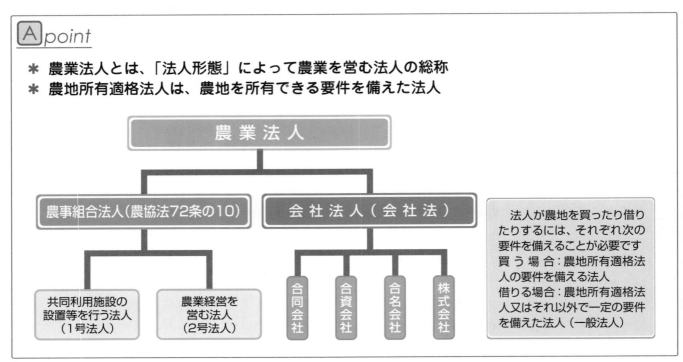

まず、農業法人とは、個人ではなく法人として農業経営を営むものの総称です。

農業法人には、農地を正式に借りたり買ったり（使用収益権を取得）して利用している法人と、飼料の全てを購入飼料に頼っている畜産経営など農地を利用しない法人とがあります。

農地を利用する法人は、農地法において所有権の取得も認められる「農地所有適格法人」（農地法2条3項、農地法3条2項2号）と、「解除条件つきの貸借」（農地法3条3項）についてだけ認められる「一般法人」<第2章15・16参照>とに分かれます。

次に、農地所有適格法人とは、農地法で定義されたもので、農地の使用収益権を取得するための要件を満たしている法人を意味しています。

農地所有適格法人には①形態、②事業、③議決権、④役員（経営責任者）の4要件があり、①の形態要件としては、会社法に基づいて設立される株式会社（非公開会社）、合資会社、合

名会社、合同会社か、農業協同組合法（以下、農協法という。）に基づいて設立される農事組合法人のいずれかである必要があります。<第2章17参照>

法人格は、会社法あるいは農協法によって与えられ、この法人が農地の使用収益権を持つ資格があるかどうかを農地法で審査をする基準が農地所有適格法人の4要件ということです。

解除条件付き貸借について

農作業に常時従事しない個人・農地所有適格法人以外の法人

平成21年の農地法改正以前は農地の権利取得が認められていませんでしたが、同改正により、農地を解除条件付きで借りる場合に限り、権利取得できるようになりました。

これは、地域に担い手が不足している場合などに、多様な農地の利用者が期待されているからです。

また、同改正により、これらの者が適正に農地を利用するよう、許可を取り消す等の担保措置が設けられています。

ⓠ 17　農地所有適格法人の要件を備える法人を設立する場合、何か制限があるのですか？

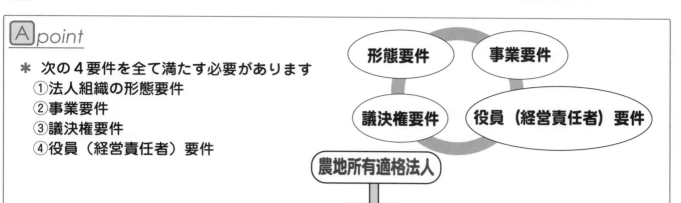

Ⓐ point

＊ 次の4要件を全て満たす必要があります
①法人組織の形態要件
②事業要件
③議決権要件
④役員（経営責任者）要件

形態要件　事業要件
議決権要件　役員（経営責任者）要件
農地所有適格法人

農地所有適格法人は、農業経営を行うため、農地法の許可を得て農地の所有権を取得できる法人です。

この農地法に規定された農地所有適格法人の要件が4つあります。1つ目は法人の形態の要件、2つ目は事業内容の要件、3つ目は議決権の要件、4つ目は役員の要件です。

具体的な要件は次のとおりです。

```
農業（関連事業を含む）                              直
●関連事業：農畜産物の製造・加工、貯蔵・運搬・販    近
  売、農業生産資材の製造、農作業の受              3
  託、林業、農事組合法人の場合の共同              カ
  利用施設の設置、農村滞在型余暇活動              年
  施設の設置・運営等、農畜産・林産バイ            の
  オマス発電・熱供給、営農型太陽光発電            売
                                                上
その他の事業　（例）民宿、キャンプ場、造園、除雪 等  高
                                                の
                                                過
                                                半
```

法人組織の形態要件（農地法2条3項）

農地所有適格法人の形態は、①株式会社（株式譲渡制限会社（公開会社でない）に限る）、②合名会社、③合資会社、④合同会社、⑤農事組合法人（2号法人）のいずれかです。
＜ 第2章11参照 ＞

なお、一般社団法人は、解除条件付きで農地借りることは可能ですが、所有はできません。

①株式会社(株式譲渡制限会社(公開会社でない)に限る)
②合名会社　③合資会社　④合同会社　⑤農事組合法人

事業要件（農地法第2条第3項第1号）

農地所有適格法人の事業の要件は、「主たる事業が農業と関連事業（法人の農業と関連する農産物の加工・販売等）であること」です。

農業と関連事業が売上高の過半であれば、その他の事業を行うことができます。

議決権要件（農地法2条3項2号）

農地所有適格法人の構成員の議決権の過半は、以下の農業関係者が占める必要があります。
①農地の権利提供者（農地中間管理機構を通じて法人に農地を貸し付けている個人を含む）（農地法第2条第3項第2号イ、ロ、ハ、ニ）
②法人の農業の常時従事者（原則として年間150日以上従事）（農地法第2条第3項第2号ホ）
③基幹的な農作業を委託した個人（農地法第2条第3項第2号ヘ）
④農地中間管理機構、地方公共団体、農協（農地法第2条第3項第2号ト、チ）

農林漁業法人等に対する投資の円滑化に関する特別措置法第10条の特例を受ける株式会社（アグリビジネス投資育成株式会社）は農業関係者からの出資とみなされます。

なお、株式会社や持分会社（合名会社、合資会社、合同会社）については、持ち分の2分の1未満であれば、農業関係者以外が構成員となることができ、平成27年農地法改正（平成28年4月1日施行）前にあった、消費者や取引先等を株主等にする場合に、3年以上の契約が必要

といった制約もありません。

　他方、農事組合法人については、根拠法となる農業協同組合法において構成員たる組合員が農民等に限定されています。この「等」に該当する、農民とみなされる者と物資の供給役務の提供を受ける者等の数は、総組合員数の3分の1を超えてはならない（農業協同組合法72条の13）ことから、農民が3分の2以上を占めることが求められています。また、地方公共団体は組合員になることができません。

```
┌─────────────────────────────┬──────────┐
│ ・農地の権利を提供した個人        │          │
│ ・法人の農業の常時従事者         │          │
│ ・基幹的な農作業を委託した個人     │ 〈       │
│ ・農地中間管理機構を通じて法人に農地を│ 農総     │
│ 　貸し付けている個人            │ 業議1    │
│ ・農地を現物出資した農地中間管理機構 │ 関決／   │
│ ・農業協同組合・農業協同組合連合会   │ 係権2    │
│ ・地方公共団体                │ 者の超    │
│ ・農林漁業法人等投資育成事業を行う承認会社│ 〉      │
│ 　（投資円滑化法第10条）         │          │
│ ┌──────────────────────┐│          │
│ │・（特例）市町村等の認定を受けた農業経││          │
│ │　営改善計画に基づいて出資した農業経 ││          │
│ │　営を行う個人又は農地所有適格法人  ││          │
│ │　（基盤法第14条、施行規則第14条）  ││          │
│ └──────────────────────┘│          │
├─────────────────────────────┼──────────┤
│ 　　　　　　制限なし              │ 〈       │
│ たとえば                     │ 農総     │
│ 　・食品加工業者　　　・種苗会社    │ 業議1    │
│ 　・生協、スーパー　　・銀行       │ 関決／   │
│ 　・農産物運送業者　　・一般の企業や個人│ 係権2    │
│ 　　　　　　　　　　　　など誰でも  │ 者の未   │
│                           │ 以満     │
│                           │ 外       │
│                           │ 〉       │
└─────────────────────────────┴──────────┘
```

役員（経営責任者）要件
（農地法第2条第3項第3号、4号）

　農地所有適格法人の役員については、①役員の過半の者が法人の営む農業(関連事業を含む)

に常時従事（原則年間150日以上）している構成員であること、及び②役員または重要な使用人のうち1人以上がその法人の営む農作業に従事（原則年間60日以上）することを満たす必要があります。

　なお、重要な使用人とは、法人の行う農業（関連事業を含む）に関する権限及び責任を有する者（例えば、農場長、農業部門の部長など）をいい、必ずしも構成員である必要はありません。

　また、認定農業者である農地所有適格法人が農業経営改善計画に記載して認定を受けた場合、議決権要件や役員要件の特例（農業経営基盤強化促進法第14条第1項、2項、同施行規則第14条第1項2号、3号）もあります。

　以上のように、議決権要件と役員要件の特例を用いれば、親会社が子会社の2分の1以上の議決権を取得でき、かつ兼務役員が子会社の農業に常時従事する構成員である役員とみなされます。このことで、農地所有適格法人の完全子会社化が可能となり、意思決定の迅速化や経営リスクの分散など、グループ経営のメリットを活かすことができます。

　この特例は、親会社も子会社も認定農業者であり、子会社の農業経営改善計画に親会社からの出資に関する事項や兼務役員の記載をすることで適用されます。

　このように、「認定農業者制度」には法人運営上のメリットの他、様々な制度上の支援策があります。（Q50参照）

要件適合性の確保のための措置

農地所有適格法人は、農地の権利を取得した後も要件を満たしていることが必要です。要件を満たさなくなれば、最終的に農地が国に買収されることとなります。農地所有適格法人が農地の権利を取得した後も要件に適合してることを確保するため、次のような措置が設けられています。

農業委員会への報告	農地所有適格法人は、毎事業年度の終了後3カ月以内に、事業の状況等を農業委員会に報告しなければなりません。この毎年の報告をせず、または虚偽の報告をした場合には30万円以下の過料が課せられます。
農業委員会の勧告及びあっせん	農地所有適格法人の要件を充足しない、またはそのおそれのある法人に対して、農業委員会が必要な措置をとるべきことの勧告を行います。勧告を行うか否かは総会または部会で審議・決定します。 　勧告をする場合は、あっせんの申出の意思があるかどうかを確認します。所有権の譲渡のあっせんの申出があったときは、農業委員会はあっせんに努めます。 　勧告及び国が買収すべき農地等の認定を行うため、必要があるときには農業委員、農地利用最適化推進委員又は職員が農地所有適格法人の事務所等へ立ち入り調査を行い、農業委員会会長に報告します。

⚠ 注 意

農事組合法人の場合、農業協同組合法によって事業内容、組合員（構成員）の資格等が定められており、地方公共団体が構成員になれないことなど農業協同組合法の規制を受けることになります。

※「過半」や「2分の1超」に注意

「過半」や「2分の1超」は、ちょうど半数は当たらず、半数を上回る必要があります。例えば、議決権要件で総議決権が100口の場合、農業関係者の議決権は51口以上が必要。役員要件で総役員数が6人の場合、常時従事構成員は4人以上、総役員数が2人なら2人とも、1人ならその1人が常時従事構成員であることが必要です。

※登記前に農業委員会に確認を！

登記後に農地所有適格法人要件を欠いていることが判明した場合、登記のやり直しで余計な費用負担が発生する場合があります。要件の充足に問題がないかは登記前に、農地の属する農業委員会にご相談ください。

Q 18　農事組合法人を選択する場合、注意点はありますか？

A point

> ＊ 農事組合法人とは、農業協同組合法に基づいて設立される法人です。株式会社等の一般法人とはできる事業、構成員・役員要件が異なるので、その違いをよく検討して選択してください。

集落営農を中心に設立

「その組合員の農業生産においての協業を図ることによりその共同の利益を増進すること」を目的した法人形態です。昭和37年の農業協同組合法（以下、農協法という。）の一部改正により農事組合法人が創設され、令和2年3月末現在で、9,355法人が設立されています。

	事業の範囲	構成員	役員
1号法人	・農業に係る共同利用施設の設置および農作業の共同化に関する事業	・農民 ※「農民」とは、自ら農業を営み、又は農業に従事する個人をいう。	
2号法人	・農業の経営（次の事業を含む） ①農畜産物の原料又は材料として使用する製造又は加工 ②農畜産物の貯蔵、運搬又は販売 ③農業生産に必要な資材の製造 ④農作業の受託 ⑤農業を併せ行う林業の経営 ・各事業に付帯する事業	＜総組合員の2/3以上＞ ・農民 ・農地等を現物出資した農地中間管理機構 ・農業協同組合、農業協同組合連合会 ・農業法人投資育成事業を行う承認会社 ＜総組合員の1/3以内＞ ・法人から物資の供給もしくは役務の提供を受ける個人（産直契約を結んでいる消費者、品種登録を受けた種苗の生産ライセンスの供給契約を結ぶ企業など）	・理事（農民たる組合員で1名以上必置） ・監事（設置は任意で員外からの登用も可能） ※役員任期：3年以内

　農事組合法人は農業協同組合法上の法人形態ですから、その事業内容や構成員資格などは、農業協同組合法に定められており、法律の規定の範囲内で事業を営むこととなります。

　農事組合法人の運営に際しては、①事業の範囲、②構成員、③役員の3つの要件に注意が必要です。

　事業の範囲では、法人が行う事業によって1号法人、2号法人、1号と2号をいずれも行う法人に分類されます。1号法人は共同利用施設を設置又は農作業の共同化に関する事業を目的とし、直接的に農業経営を行わない法人です。

　一方、2号法人は農業経営を目的とした法人となります。いずれも農業に関連した事業に限られることに留意が必要です。

　構成員は、農業経営を行う農事組合法人の場合、総組合員の2/3以上は、農民でなければなりません。

　また、法人の役員たる理事は、農民たる組合員に限られます。監事は組合員以外の者でもよく設置は任意ですが、大半の法人で監事が置かれています。なお、理事と監事とを兼ねることはできません。

Q 19　株式会社は総会や取締役のほかに、取締役会や監査役などの機関があると聞きました。具体的にどのような機関を設ければよいのでしょうか？
　　農地所有適格法人の場合とそれ以外の場合の違いがあれば、それも教えて下さい。

A *point*

* ✳ 必須なのは、総会と取締役です
* ✳ 取締役会の設置は原則として任意です
* ✳ 農地を利用する法人は原則として農地所有適格法人でなければならず「非公開会社」であることが求められます
* ✳ 解除条件付き貸借で農地を借りるだけであれば、農地所有適格法人要件を求められませんので、公開会社でも差し支えありません

総会と取締役は必須です

株主総会＋取締役

　株主の数が少なく、株主総会の開催が容易な場合は、取締役会を置かず、株主総会と取締役だけにすることができます。

　取締役の人数には制限がありませんので、取締役は1人でも可能です。

　取締役会の設置が義務付けられているのは「大会社（資本金が5億円または負債が200億円以上の株式会社）」のうち「公開会社」（注1）だけですので、現状では農業者が設立する法人のほとんどは該当しません。

（注1）公開会社とは、発行する全部又は一部の株式の内容として譲渡による当該株式の取得について株式会社の承認を要する旨の定款の定めを設けていない株式会社を指します（会社法第2条）。

代表取締役の定め方

株主総会＋取締役＋代表取締役

　取締役は原則として会社を代表する権限を持っていますが、①定款で、あるいは②定款の定めによる取締役の互選、または③株主総会の決議によって、取締役のなかから代表取締役を定めることもできます。
（取締役会を設置した場合については後述）

取締役会を設置する場合とは

　平成17年の会社法制定に伴って取締役会の設置が原則として任意となりました。

　株主の数が多くて総会を頻繁に開くことが難しく、専門的な経営判断が求められるような会社については、今後も定款で取締役会を設置するとよいでしょう。

　家族経営の法人化においては、形式的に家族を取締役に選任する必要はなくなりました。

　法人の設立に当たっては、実質的に経営に参画する者だけを取締役とするというのも一つの方法です。事業の拡大に伴って株主が増え、事業内容が高度化するなど会社の運営に当たって取締役会が必要となった段階で取締役会を設置するとよいでしょう。

　取締役会の設置には、3人以上の取締役の選任が必要です。代表取締役は取締役会で選任します（指名委員会等設置会社を除く）。

　株主総会、取締役、取締役会、代表取締役以外の機関には、監査役、会計参与、会計監査人、監査等委員会、指名委員会等があります。

監査役とは

　取締役の業務を監督する役割を持つ機関です。取締役会を置かない場合は任意設置となっています。

　取締役会を置く会社では原則として監査役を置かなければなりません（非公開会社で会計参与を置く場合は除きます）

【会社法第327条第2項】

会計参与とは

　会社の計算書類の正確性を担保するため、取締役と共同して計算書類等を作成する機関です。

　取締役会を置かない場合は任意設置となっていますので農業法人での設置例は少ないです。取締役会を置いているにも関わらず監査役を置かない場合には会計参与の設置が義務づけられます。

【会社法第327条第2項】

　会計参与となるには税理士や公認会計士等の資格が必要です。

会計監査人とは

　会計監査を充実するための機関です。公認会計士等であり、監査報酬の負担が必要なので農業法人での設置例は少ないです。

監査等委員会

　監査等委員会設置会社に置かれる委員会です。監査等委員により組織され取締役の職務の執行の監査をします。

指名委員会等（指名委員会、監査委員会及び報酬委員会）

　取締役会の決議によって選任された執行役が業務の執行に当たり、取締役がこれを監督する指名委員会等設置会社に置かれる委員会です。

取締役会を設置した場合の機関（例）

株主総会＋取締役＋取締役会＋代表取締役＋監査役（または会計参与）

　取締役会を設置する場合は、監査役あるいは会計参与のいずれかを置く必要があります。

農地所有適格法人とそれ以外の法人

　農地を利用する権利を取得するには、農地所有適格法人であることが原則となっています。

　農地所有適格法人は非公開会社でなければならず、取締役会は任意設置となります。

　ただし、農地を借りるだけでよければ、農地所有適格法人の要件を満たさなくても、解除条件付き貸借（農地法3条3項）の要件を満たせば、農地を借りて農業経営ができます。

　この解除条件付き貸借では、地域の農業者との適切な役割分担や、法人の役員のうち1人以上が耕作等の事業に常時従事することが求められます。

　解除条件付き貸借だけであれば、公開会社でも差し支えないこととなりますが、公開会社であっても大会社でなければ取締役会の設置は義務づけられません。

　取締役会を置くかどうかは、株主の数や事業内容などに基づいて判断しましょう。

Q 20　設立に当たっての手順や事前準備はどうするのですか？

A point

* 事前の準備は具体的かつ入念に
* 設立後の諸官庁への届け出も忘れずに

設立準備

1 設立手順

　法人の形態が決まれば、いよいよ設立です。農事組合法人は株式会社より少し手続きが簡略化されていますが、ほぼ同じ手順で進みます。手続きは自分でやってもいいし、司法書士などに依頼することもできます。

　次に、農業法人（農事組合法人、株式会社の場合）の設立について右の図の流れにしたがって解説します。

　いつ設立するかは、会計年度との関わりも含めて検討しましょう。

　なお、決算期は一般的に納税資金に余裕があって、棚卸資産が少ない時期が良いとされています。

農業法人の設立手順

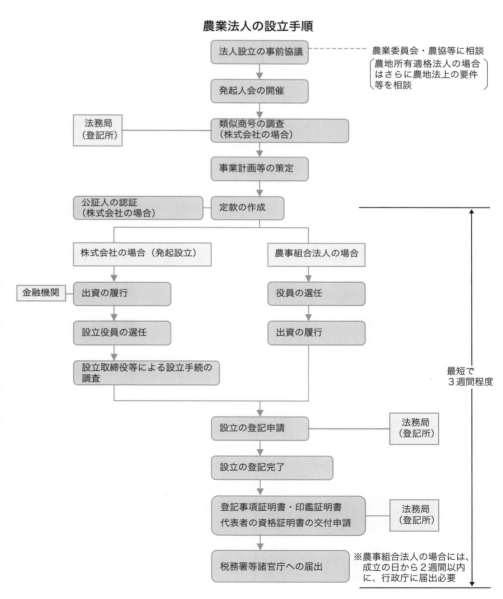

法人設立の事前協議 ----- 農業委員会・農協等に相談（農地所有適格法人の場合はさらに農地法上の要件等を相談）

発起人会の開催

法務局（登記所）→ 類似商号の調査（株式会社の場合）

事業計画等の策定

公証人の認証（株式会社の場合）→ 定款の作成

株式会社の場合（発起設立）／農事組合法人の場合

金融機関→出資の履行／役員の選任

設立役員の選任／出資の履行

設立取締役等による設立手続の調査

設立の登記申請 → 法務局（登記所）

設立の登記完了

登記事項証明書・印鑑証明書　代表者の資格証明書の交付申請 → 法務局（登記所）

税務署等諸官庁への届出　※農事組合法人の場合には、成立の日から2週間以内に、行政庁に届出必要

最短で3週間程度

2 事前の準備 —定款記載事項の具体的な検討—

●仲間・人材を集める

家族経営の法人は別として、より大きな事業をしようと思ったら、構成員だけでなく雇用する従業員を含めた人材が不可欠です。農業技術だけでなく、経理や営業、経営管理などいろいろな部門の業務を考えた人員配置が必要です。（法人化と農業者年金の注意点については、52頁参照）

●事業目論見書の作成

法人を設立するのに欠かせないのが、事業目論見（事業計画）書の作成です。どれだけの規模でどんな事業をするのかについて入念な計画を立てます。

●定款記載事項を検討

実際の設立手続きに入る前に、法人の憲法ともいえる定款の記載内容を十分に検討します。事前の準備さえしっかりできていれば、あとは法務局など行政上の手続きだけです。

設立の準備をする人を設立発起人といいます。株式会社では1人以上、農事組合法人は3人以上の農民となっています。

●商号（名称）の案を考える

商号（名称）は法人の名前です。法人を対外的にアピールするものですから、イメージがよく、業務内容がわかるような名前がよいでしょう。

●事業内容の決定

事業目的（内容）に記載された範囲内の事業しか行うことができませんので、あまり具体的に細かく書くより「野菜類の生産、販売」など広く解釈できるようにしたほうがよいでしょう。農地所有適格法人の場合には、事業要件を満たす必要があるので注意が必要です。

●資本金額の決定と準備

株式会社、合同会社等の資本金の額に制限はなく、農事組合法人においても出資額の制限はありません。

資本金は運転資金として必要となるものですから、その額は年間の資金繰り等を考慮して決定しましょう。

●農地利用についての事前相談

農地を利用する法人であれば、農地法の許可や農業経営基盤強化促進法の手続きが必要です。設立登記が終了してから正式な許可申請を行いますが、発足後ただちに事業（農業）を始める必要があるため、農業委員会や市町村の関係部局に事前に相談しておくとよいでしょう。

●設立手続きの日程を立てる

日数の制限はありません。設立登記申請日が法人設立日になります。

3 設立手続き開始

実際は定款案の作成まで事前に行いますが、定款の認証を受ける前に定款記載事項である商号に類似のものがないかどうかを法務局で調査をしてから正式な定款を作成します。

●類似商号の調査

会社法改正によって、同一市町村内において、同一営業で類似商号の会社の登記を制限する規定は廃止されました。しかし、商業登記法の規定により、本店所在場所を同一とする会社の、同一の商号の登記は依然認められていません。また、不正競争防止法によって、類似の商号を使用することは「不正競争」に該当し、規制を受ける可能性があります。したがって、事前に既存の会社に類似する商号が使用されていないかどうかを、法務局において調査しておくべきです。

●社印の発注

商号が決まったら、設立登記の申請に間に合うよう社印を発注しましょう。

印影見本

●印鑑証明の準備

株式会社の場合、定款の認証には発起人全員の印鑑証明書が必要です。さらに、株式会社設立登記の申請には、設立時、取締役について、各1通必要となります。また、農事組合法人設立登記の申請にも、理事について印鑑証明書が必要になります。

●定款の認証（農事組合法人は不要）

商号が決まり、定款を作成したら公証人役場で定款の認証を受けます。

●株式会社の設立手続き

株式会社を設立する方法としては、「設立に際して発行する株式」を発起人が全部引き受けてなす方法（発起設立）と、発起人が一部引き受けて残りを株式引受人を募集してなす方法（募集設立）の2つがあります。ただ、募集設立の場合には、手間がかかるため、実際上の株式会社のほとんどは発起設立によっています。

発起設立においては、定款作成に関わる手続の後、株式を引き受けた発起人による出資の履行がなされます。払い込み先は一定の金融機関に限られます。また、発起人の引き受けた株式の議決権の過半数をもって、設立時の取締役等の役員を選任します。選任された取締役等は、金銭出資の払い込み等の設立手続きについて調査することになります。

●農事組合法人の設立手続き

農事組合法人を設立するには、定款作成後、設立総会を開催し、理事などの役員を選任します。そして、理事は、組合員に出資の第1回の払込みをさせることが必要です。払い込み先について

は、特に制限はありません。

●出資金の履行と口座開設

出資金の払込みを取り扱う金融機関等で出資金を払込みます。払込金保管証明は募集設立の場合に必要で、発起設立の場合は残高証明書で構いません。

また、出資金の払込みを行った金融機関等で設立登記完了後、当該出資金を原資に法人口座を開設することが一般的ですが、平成27年度税制改正により、平成29年1月1日以後、新たに国内に所在する金融機関等で口座開設等を行う方は、金融機関等へその方の居住地国等を記載した届出書の提出や、法人である場合は「特定法人」に該当するかを確認し、該当するときにはその法人の「実質的支配者」に係る居住地国等についても届出書に記載が必要です。

家族経営の法人化など個人経営の頃から付き合いのある金融機関等の場合はさほど問題はないでしょうが、就農と同時に法人を設立するなど事業実績がないケースでは、口座開設時の審査が以前より厳しくなっており、事業内容や事業計画を明確に説明する必要があることや口座開設までに2週間ほど時間を要する点などに注意が必要です。

なお、最近は実店舗を持たずインターネット上で取引するネット銀行もあり、他行への振込や口座確認をパソコンやスマートフォンで行うことができ、手数料が実店舗を持つ銀行と比べ安い、深夜や早朝でも入出金ができるといった利点もありますが、税金の支払いや日本政策金融公庫の返済に対応できないなどの制約がある場合もありますのでご注意ください。

> ## 法人化の新たなデメリット？
> ## ～法人化と個人情報
>
> 法人の本店又は主たる事務所の所在地について、以前であれば、専門家等から代表者の自宅など郵便物を受け取りやすいところを勧められるケースが一般的でした。
>
> しかしながら、近年の個人情報保護やプライバシー意識の高まりを考え合わせると現在

はより慎重に考える必要があります。その理由は、法人の所在地等がインターネットなどで公表されてしまうためです。

　そもそも、会社法第911条第3項では、登記事項に「目的」や「商号」、「資本金の額」などと併せて、「代表取締役の氏名及び住所」を挙げており、法務局で取得できる履歴事項全部証明書などの書類には代表者の住所が記載されています。加えて、法務省が運営する「登記情報提供サービス（有料）」を利用すれば、ネット上から誰でもこれらの情報を取得できる状態となっていました。2022年9月1日、法務省はようやくネットで閲覧できる法人登記情報から代表者の住所を外しましたが、法務局に出向いたり、郵送で請求すれば引き続き取得可能です。その意味では、代表者の住所を完全に秘匿にすることは不可能ですが、それでも法人の所在地を代表者の自宅住所と分ける利点はあります。

　それは、国税庁より法人番号が公表されているためです。国税庁では法人番号を指定し、この法人番号はマイナンバー（個人番号）とは異なり利用範囲の制約がないことから、インターネットを通じて公表され、誰でも自由に利用することができます。公表は、国税庁法人番号公表サイトで行われ、法人名・所在地、法人番号の基本3情報が検索・閲覧可能です。

　なお、法人番号を公表する理由は国民の利便性の向上や民間利用による新たな価値創出のため、また、会社法で代表取締役の住所が登記される理由は、訴訟などの責任追及の際に、その実効性を確保するためとされています。今後議論が進んでいけば非表示となる対象が増えていく可能性も予想されますが、現時点では前述の状況にありますので、これらを踏まえて法人の所在地をご検討ください。

●設立登記の申請

　株式会社の場合は設立時取締役等による調査が終了した日または発起人が定めた日のうちい

ずれか最も遅い日、農事組合法人の場合は出資の払い込みがあった日から、2週間以内に設立登記の申請を本店の所在地を管轄する法務局に提出します。申請は原則として代表取締役（いなければ取締役）、代表理事が行うことになっていますが、代理人でもかまいません。

　法務局は申請を受け付け、審査をして（補正事項があれば補正を指示）受理し、登記が完了します。登記の申請日が法人の設立日です。

●行政庁への届け出（農事組合法人のみ）

　農事組合法人は設立登記完了後、2週間以内に行政庁（都道府県知事等）に設立の届け出が必要です。

4　設立後の諸官庁への届け出

　法人が正式に発足したら、2ヵ月以内に登記簿謄本と代表取締役あるいは代表理事の印鑑証明書を取得し、必要な書類とともに税務署や、雇用労働者がいる場合は労働基準監督署、公共職業安定所、社会保険事務所などの関係機関に提出します。

　届け出に必要な書類は各機関で確認してください。

⚠ 注 意

①設立準備にかかった費用や設立後事業を開始するまでの間に開業準備のために要した費用は、支出時に損金算入するか、または繰延資産に計上してその償却費を損金算入することが認められます。

②役員の任期が満了した場合は、同一人が時間的間隔をおかずに再任された場合（登記実務上「重任」といいます）でも変更登記が必要です。2週間以内に行わなければ過料に処せられる可能性がありますので、忘れないようにしましょう。

Q 21　設立に当たっての費用はどのくらいかかるのですか？

A point

* 法人設立費用は、実費として20万〜35万円程度必要

法 人 設 立 時

　法人設立に当たっては、定款の認証代、印紙代、登録免許税等の費用がかかります。

　また、司法書士などの専門家に依頼する場合は、別途手数料が必要です。

　具体的には、次表のとおり、20万〜35万円程度の費用が必要になります。

　なお、法人の設立段階においては、農業経営相談所や都道府県農業委員会ネットワーク機構（農業会議)等による法人設立に当たっての相談・指導の実施や法人設立に際しての専門家等による濃密的な指導等の支援策がありますので、ご活用下さい（巻末の付録「農業法人設立・経営相談の窓口です」を参照して頂き、ご相談下さい)。

法 人 化 後

　また法人化後も、会計事務や税務申告を専門家等に依頼する場合には経費負担が必要になります。

　依頼内容により異なりますが、毎月3万〜4万円程度の費用が必要になる場合が多いようです。

株式会社・農事組合法人の設立に必要な費用		
定款	定款の認証代	資本金の額が100万円未満の場合は3万円、100万円以上300万円未満の場合は4万円、その他の場合は5万円（農事組合法人は不要)
登記申請	定款に添付する印紙税	4万円（農事組合法人は不要、定款の電子化を利用する場合は不要)
	登録免許税	資本金の7／1000。最低15万円（農事組合法人は不要)
銀行手数料	出資金払込事務手数料	払い込み金の2.5／1000（農事組合法人は不要、保管証明を使用しなければ株式会社の場合も不要)
登記簿謄本	取得手数料2通	1,200円（1通600円)
印鑑証明書	4〜5通	1通450円
合　計		約25万円
その他	印鑑作成（代表者印、会社印) 司法書士等代理手数料	実費 約30万〜50万円（地域によって異なる)

第3章

法人設立の留意点

Q 22　法人設立に当たっての経営者としての心構えは何ですか？

A point

＊　事業の効率化を進めることにより、法人の内部留保に努めることが必要です
＊　農地を利用する法人の場合は、利益追求だけでなく地域の振興に努力することが必要です

人材育成や地域振興の役割を

株式会社○○

事業の効率化を進め内部留保を図る

事業である限りにおいて、会社法人である有限会社はもちろん協同組合組織としての性格を有する農事組合法人であっても、構成員の共通の利益達成のため、事業の効率化を進め、より多くの剰余金を獲得していかなければなりません。この意味において、農業法人の事業目的の1つとして事業を通じての付加価値の向上を図ることが必要です。

同時に、事業である以上、その発展、継続が重要となります。事業の発展、継続には、法人に適切な内部留保がなければなりません。したがって、農事組合法人の場合の利益準備金（定款に定められた額（出資総額の2分の1以上）に達するまで、剰余金の10分の1以上を利益準備金として積み立てる）や株式会社の場合の準備金（剰余金の配当額の10分の1を計上）のような法的に積み立てを義務付けられている内部留保だけではなく、法人の将来の支出や投資に備えての積立金を確保しておくことが必要と

なってきます。法人の内部留保は、法人税や法人の構成員に対する配当の支払いなどが関係してきますが、法人の経営の安定と、将来の発展を考えるならば、必要不可欠なものです。

利益追求だけでなく地域の振興に努力

さらに、農地を利用する法人の経営者の場合は、その事業展開に当たってはとりわけ、地域との関係を十分考慮する必要があります。農地を利用する法人にとって、土地の提供あるいは労働力の供給源として所在する地域との関係は重要であり、少なくとも、法人がその利益のみを追求していると地域の人々に認識されることは、法人の経営発展の阻害要因の1つとなりかねません。農地を利用する法人は地域農業の担い手として他の法人以上に社会的責任を持って、農業生産活動と食料の提供による消費者との関わりの他、雇用の拡大や従業員の人材育成などを通じて地域の振興に努力していくことが期待されます。

Q 23 個人や任意組織の資産は、法人にどのように引き継いだらいいですか？

A point

* **不動産は貸付けが一般的**
* **動産は譲渡が一般的**

資産には、棚卸資産のように譲渡しなければならない資産と、土地建物等のように賃貸も可能な資産とがあります。個人（任意組合の構成員の場合を含む）や人格のない社団が消費税の課税事業者の場合、法人への資産（土地を除く）の譲渡にも消費税がかかります。

畜産経営などで棚卸資産が多額で法人に譲渡する資産が多いケースでは、法人が本則課税の課税事業者となって消費税の還付を受けた方が一般には有利です。この場合、個人が簡易課税となってから譲渡するとさらに有利になります。なお、現物出資は手続きの点から現実的ではありません。

一方、譲渡する資産が少ないケースでは、資産をできるだけ賃貸し、資本金を1千万円未満にして法人が消費税の免税事業者となる方が一般には有利です。ただし、個人（任意組合の構成員の場合を含む）において、動産の貸付による雑所得の損失や農地購入資金の支払利息による不動産所得の損失が生じても、損益通算できませんので注意が必要です。

法人化に際し個人の補助対象財産を法人に譲渡する場合の留意点

補助事業等により個人や集落営農組織などの経営体が取得した農業用機械等を法人化後の組織へ譲渡する場合は財産処分に係る承認を受けることが必要です。この場合、法人化に際して債務引受けの関係から会計処理上は有償譲渡となっても、承認の際に補助条件を承継することを条件に国庫納付を要しないとされれば補助金返還することなく、法人に補助対象財産を引き継ぐことができます。

農林水産省の補助事業等の場合、財産処分の承認は、「補助事業等により取得し、又は効用の増加した財産の処分等の承認基準について」（平成20年5月23日付け20経第385号、農林水産省大臣官房経理課長通知）により判断されますが、補助事業資産を有償譲渡した場合には原則として国庫納付（補助金返還）が必要になります。ただし、2018年1月18日付けで承認基準が改正され、法人化に伴って補助対象財産を法人へ有償で譲渡または長期間（1年以上）貸付けした場合、経営に同一性・継続性が認められれば補助金返還が不要となりました。

改正前の承認基準では、法人化で補助対象財産を承継する場合、無償譲渡が原則で、集落営農組織のみ有償譲渡が認められていました。ところが、個人が法人に固定資産を無償で譲渡すると「みなし譲渡所得課税」によって時価で譲渡したものとして所得税が課税されます（所法59）。また、有償でも時価の2分の1未満の対価の場合、みなし譲渡所得課税が適用され、高い国庫補助率のために圧縮記帳後の帳簿価額が時価の2分の1未満となる補助対象財産を譲渡すると譲渡所得税の負担が生ずることが問題となっていました。

改正後は、集落営農以外の法人化でも有償譲渡が認められるようになり、家族経営や数戸共同の法人化でも、補助対象財産の帳簿価額が時価の2分の1以上なら、帳簿価額で譲渡すれば譲渡所得税が課税されません。また、国庫補助率が高く、帳簿価額が時価の2分の1未満となる場合は、個人が法人に有償で長期間貸付けすることにより、補助対象財産の法人への承継に伴う譲渡所得税の課税を回避できることとなりました。

補助金返還が不要となるのは、補助対象財産

の所有者の法人化に伴って設立された法人へ譲渡し、経営に同一性・継続性が認められる場合です。経営の同一性・継続性とは、法人化後も引き続き同一の個人（集落営農組織の場合、構成員が全て）が経営（意思決定）に携わることを指します。具体的には、補助対象財産を所有している個人が設立後の法人の出資者となることが原則ですが、株式会社を設立する場合は、その株式会社の取締役となればよく、必ずしも株主となる必要はありません。ただし、集落営農組織を法人化する場合は、集落営農組織の構成員全てが出資者・株主となる必要があります。なお、法人設立当初に経営の同一性・継続性を満たしたとしても、処分制限期間（原則として法定耐用年数）内に要件を満たさなくなった場合には、補助金返還の対象となりますので留意が必要です。

補助対象財産を有償で貸し付ける場合、補助対象財産の処分制限期間の残期間内、補助条件に従って法人に使用させることになります。

資産の譲渡・貸付けに係る所得税

農機具等の動産を譲渡する場合は、価格を査定してもらうなどして時価で譲渡するのが原則です。農機具等の動産の場合は、総合課税による譲渡所得となるため、年50万円の特別控除が適用されます。このため、譲渡益が一人当たり年50万円以内であれば、実質的には課税されません。

これに対して、建物・構築物などの不動産の場合は、（土地建物土地等の）譲渡所得となるため、原則として特別控除が適用されず、譲渡益が生ずる場合には申告が必要になります。特に補助対象財産の場合、これを避けるには、圧

資産の種類ごとの引き継ぎとその留意点

		解　　説
現金預金		原則として個人事業の現金預金は法人に引き継がない。資本金として拠出した資金を法人名義の口座を開設して預け入れ、必要に応じて現金化する。 ただし、個人から引き継いだ個人名義の借入金やリース料などの決済のため、個人名義の口座を法人で使用するときは、法人設立日の前日の残高により引き継ぐ。預金の引継ぎには、所得税、消費税とも課税されない。一方、法人では同額を個人からの役員長期借入金とするが、この場合には、法人税も課税されない。
棚卸資産		①肥料、飼料、農薬など原材料、②未収穫農産物、販売用動物など仕掛品、③農産物など製品、は法人に有償で譲渡する。棚卸資産の譲渡による所得は事業所得になるが、帳簿価額で譲渡すれば実質的に課税されない。ただし、個人（任意組合の構成員の場合を含む）や人格のない社団が納税義務者の場合、消費税がかかる。
農機具等	譲渡	農業用機械、果樹・家畜などの生物は、一般に法人に時価で譲渡する。総合課税の譲渡所得となるが、補助金で取得した減価償却資産を除き、一般に帳簿価額を時価として差し支えないので課税されない。ただし、個人（任意組合の構成員の場合を含む）や人格のない社団が納税義務者の場合、消費税がかかる。
	貸付	法人に貸付けた場合には雑所得になるため、赤字が生じても損益通算できず、また、雑所得は青色申告特別控除の対象とならない。
建物・構築物	譲渡	建物・構築物などの不動産は、賃貸するのが一般的だが、譲渡する場合は時価で譲渡する。土地建物等の譲渡所得として分離課税になるが、一般に帳簿価額を時価として差し支えないので課税されない。なお、平成16年度の税制改正により、平成16年以後の土地建物等の長期譲渡所得について100万円の特別控除が廃止された。 不動産を譲渡する場合、登録免許税などの登記費用や不動産取得税がかかることに留意する。また、個人（任意組合の構成員の場合を含む）や人格のない社団が納税義務者の場合、消費税がかかる。
	貸付	個人（任意組合の構成員の場合を含む）において不動産の貸付けによる所得は不動産所得となり、青色申告であれば青色申告特別控除（事業的規模でないので10万円）が控除できる。
土地	譲渡	土地は賃貸するのが一般的だが、譲渡する場合は時価で譲渡する。土地建物等の譲渡による所得として譲渡益が分離課税となる。ただし、農業経営基盤強化促進法に基づく農用地利用集積計画などにより農地等を法人に対して譲渡（現物出資を含む）した場合には800万円の特別控除がある。平成16年度の税制改正により、平成16年以後の土地建物等の譲渡所得についての損失は、他の所得との損益通算、繰越が認められなくなったので注意が必要である。 土地の譲渡について消費税は非課税である。
	貸付	個人（任意組合の構成員の場合を含む）において不動産の貸付けによる所得は不動産所得になるが、不動産所得に係る損益通算の特例により、土地等の取得のために要した負債利子による損失は損益通算されない。したがって、不動産所得が赤字になる場合は、できるだけ早期に個人名義の農地取得資金を弁済するのが望ましい。

縮記帳後の帳簿価額で譲渡することになりますが、帳簿価額と時価が異なるため、資産を譲り受けた法人において税務上、資産受贈益が発生し、資産を譲り受けた事業年度において課税されます。なお、建物・構築物については、流通価格が存在しないため、圧縮記帳前の取得価額に基づく理論上の残存簿価（構築物については定率法を適用）を時価と考えて差し支えありません。ただし、時価の2分の1未満の金額による譲渡（低額譲渡）とされる場合には、時価相当額で譲渡があったものとして譲渡した個人に課税されますので、注意が必要です。

　一方、資産を法人に貸し付ける場合、貸し付けた個人の不動産所得または雑所得（補助対象財産が動産の場合）となりますが、貸し付けた個人は法人から給与等の支払いも受けるため、不動産所得や雑所得の合計額が20万円以下となる場合も、確定申告が必要となります。

Q 24　個人や任意組織で借り入れている制度資金はどのように引き継いだらいいですか?

A point

* 債務引受契約か、新規融資によって法人が資産を買い取ります
* 資産の貸借料を財源にそのまま償還する方法もあります

制度資金
株式会社○○
引き継ぎ
借入金
法人

　個人や任意組織で借入金によって農地（個人の場合）や機械施設を購入し、返済が終了する前に法人化した場合、借入金の返済方法には次の方法があります。

●資産とともに負債を引き継ぐ方法

　資産とともに負債を法人に引き継ぐ方法です。融資対象となった物件を債務とともに譲渡し、負債の返済も法人が行っていくことになります。この場合、個人または任意組織の代表者も連帯債務者となる重畳的債務引受契約によるのが一般的です。

●法人が資産を用意して買取る方法

　資産の買取り資金を法人の側で別途、融資を受けて用意する方法もあります。法人が認定農業者になれば低利のスーパーL資金を利用できます。この場合、法人は調達した資金により売買代金を個人に支払い、個人は受け取った代金で既往の負債を返済することになり、実質的には借換えになります。

　なお、他にいくつかの方法が考えられますので、詳細は融資を受けた金融機関等にご相談ください。

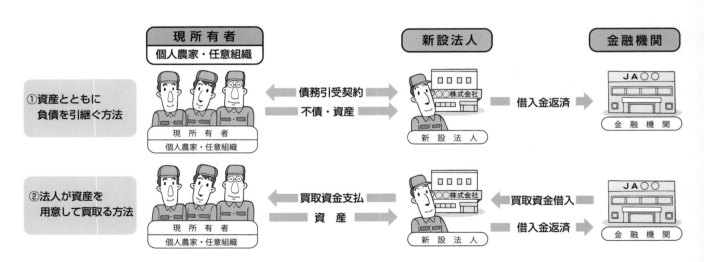

現所有者　個人農家・任意組織　　新設法人　　金融機関

①資産とともに負債を引継ぐ方法
債務引受契約
不債・資産
借入金返済

②法人が資産を用意して買取る方法
買取資金支払
資産
買取資金借入
借入金返済

Ⓠ 25　法人化した場合、農業者年金に加入している場合や農業者年金を受給している場合はどうなるのですか？

Ⓐ point

法人化した場合、
* 「カラ期間」として農業者年金被保険者期間等に合算されます
* 旧制度の経営移譲年金の受給者が農地所有適格法人の構成員になれば年金は支給停止になります

合算すれば農業者年金も受給できる

現行の農業者年金は国民年金の第1号被保険者（自営業者）で年間60日以上農業に従事する人であれば誰でも加入することができます。

一方、法人化すれば、原則として厚生年金の適用事業所となり、国民年金第2号被保険者（被用者）となるため、農業者年金の被保険者資格を失うこととなりますが、厚生年金に加入したあとの期間は所定の手続をすることにより、「カラ期間」（注）として農業者年金保険料納付済期間等として合算されます。政策支援を受けた者が、受給に必要な保険料納付済期間等を満たした場合、適格な相手方に基準日に所有していた農地等及び特定農業用施設等を経営継承をすれば特例付加年金が受給できます。

（注）年金受給に必要な資格期間に合算できるが、年金額には反映されない期間のことです。

農地所有適格法人の構成員（出資者）になれば、経営移譲年金が支給停止

旧制度の経営移譲年金の受給権者が、農地等の権利に基づいて農業を行っている農地所有適格法人の構成員になった場合には、農業経営の再開となって支給停止となりますので注意が必要です。

したがって、農業者年金受給者は、以下を検討する必要があります。
① 経営移譲年金が支給停止されても、本人が出資をする。
② 本人に代わり、配偶者又は後継者等が出資をする。
③ 本人は出資をしない。

②・③の場合は、組合のオペレーター等として従業員として雇用される場合においては、支給停止されません。

なお、新制度の特例付加年金の受給権者が農地所有適格法人の持分又は株式を取得しただけでは特例付加年金が支給停止になることはありません。

法人への貸付け（第三者移譲）で加算付き経営移譲年金が受給可能

農地所有適格法人は、加算付経営移譲年金を受給することができる経営移譲の相手方となります。

近年、後継者がいない等の理由で経営移譲年金を受給できないで困っている農業者にPRすれば、農業者から喜ばれるばかりでなく、法人にとっても、規模拡大につながります。

また、新制度の特例付加年金の受給要件のひとつに経営継承等により農業を営む者でなくなることがありますが、この場合も農地所有適格法人は経営継承の相手方となります。

Q 26　農地所有適格法人構成員の農業者年金の受給要件はどうなっているのですか？

A point

* 一定の要件を満たせば、
農業者年金の旧制度の経営移譲年金、
新制度の特例付加年金が受給できますが、
要件が制度によって異なりますので注意が必要です

農業者年金の
受給要件は？

一定の要件を満たせば
農業者年金の旧制度の
経営移譲年金、現行制度
の特例付加年金が受給
できます。

要件が制度に
よって異なり
ますので注意
が必要です。

旧　　　制　　　度

　農地所有適格法人構成員が、旧制度の経営移譲年金を受給する要件は、①昭和32年1月1日以前生まれで、②旧制度に係る保険料納付済期間等と「特別カラ期間」（注）を合算した期間が20年以上ある人が、③65歳になるまでに農地所有適格法人の持分（株式等）を適格な第三者又は後継者に譲渡して当該農地所有適格法人の構成員でなくなり、④自己名義の農地等について、農地法3条の許可を受けて（農用地利用集積計画の公告を含む）適格な第三者又は後継者に処分することです。
（注）旧制度の加入者で平成14年1月からその者が65歳に達する日の前月までの期間。

現　　　行　　　制　　　度

　政策支援（保険料の国庫補助）を受けた法人構成員が、新制度の特例付加年金を受給する要件は、①60歳までに保険料納付済期間等が20年以上あること、②農業を営む者でなくなること、③65歳に達したことです。
　なお、①と②の要件を満たせば60歳以降から、農業者老齢年金と併せて繰り上げ受給を請求することができます。
　旧制度とは異なり法人の持分（株式等）については、これを処分する必要がありません。
　ただし、その法人の常時従事者たる構成員でなくなることが必要です。

Ｑ 27　相続税や贈与税の納税猶予の特例を受けている農地を農業法人に貸したり譲渡したりしたらどうなりますか？

Ａ *point*

* 相続税・贈与税については、農地中間管理事業法または農業経営基盤強化促進法に基づいて貸し付けた場合には、納税猶予は打ち切られません
* 相続時精算課税制度により生前贈与しておけば法人化に制約はありません

※）令和5年4月1日施行の改正農業経営基盤強化促進法等により、従来、市町村が定めた「農用地利用集積計画」と農地中間管理機構が定めた「農用地利用配分計画」が統合し、「農用地利用集積等促進計画」（促進計画）に一本化されたため、令和7年4月1日までの2年間、地域計画を策定した市町村の区域内では、促進計画により行われる貸付け等に対して下記税制が適用されます。

納税猶予制度について

①相続税

❶特定貸付け

平成21年度税制改正において、農地の確保とその有効利用の促進を図ることを目的として農地法等が改正されたことを踏まえ、相続税納税猶予制度について「特定貸付け」が認められました。

特定貸付けについては、市街化区域外の農地または採草放牧地（農地等）を農地中間管理事業または農用地利用集積計画により行われる貸付けの場合には、当該貸付けはなかったものと、農業経営は廃止していないものとみなして、納税猶予の特例の継続適用が認められます。

❷譲渡

農地法等の改正（平成21年12月15日）に伴う相続税の納税猶予制度の改正により、農用地区域内の農地等を農地中間管理機構が行う農地売買等事業または農用地利用集積計画により行われる譲渡の場合には、総面積の20％を超える場合でも、全部確定事由とはならず一部確定となることとなりました。

❸借換え

相続税納税猶予の対象となっている農地または採草放牧地（農地等）を農業経営基盤強化促進法に規定する農用地利用集積計画により貸し付け、それに代わる農地等で貸し付けた面積の80％以上のものを農用地利用集積計画により借り受けた場合、一定の要件を満たすときには、

この貸し付けはなかったものとみなされ、納税猶予が継続されます。

②贈与税

❶特定貸付け

平成24年度税制改正において、農地の確保とその有効利用の促進を図ることを目的として農地法等が改正されたことを踏まえ、贈与税納税猶予制度について「特定貸付け」が認められました。

特定貸付けについては、市街化区域外の農地または採草放牧地（農地等）を農地中間管理事業または農用地利用集積計画により行われる貸付けの場合には、当該貸付けはなかったものと、農業経営は廃止していないものとみなして、納税猶予の特例の継続適用が認められます。

なお、受贈者の要件としては、農地中間管理事業の推進に関する法律および農業経営基盤強化促進法に規定する事業により貸付けを行った日において

⑦　65歳以上である受贈者の場合には、贈与税納税猶予の適用を受けている贈与に係る贈与税の申告書の提出期限から当該貸付けを行った日までの期間（⑦において「適用期間」という。）が10年以上である（10年以上自作している）こと。

⑦　65歳未満である受贈者の場合には、適用期間が20年以上である（20年以上自作している）こと。

が必要です。

ただし、農地中間管理機構を活用した貸付け

の場合は、貸付けまでの期間にかかわらず、特定貸付けができます。

ⅱ譲渡

平成24年度の贈与税納税猶予制度の改正により、農用地区域内の農地等を農地中間管理機構が行う農地売買等事業または農用地利用集積計画により行われる譲渡の場合には、総面積の20％を超える場合でも、全部確定事由とはならず一部確定となることとなりました。

ⅲ借換え

贈与税納税猶予の対象となっている農地または採草放牧地（農地等）を農業経営基盤強化促進法に規定する農用地利用集積計画により貸し付け、それに代わる農地等で貸し付けた面積の80％以上のものを農用地利用集積計画により借り受けた場合、一定の要件を満たすときには、この貸し付けはなかったものとみなされ、納税猶予が継続されます。

相続時精算課税制度

将来、法人化の意向をもった農業者が農地の贈与を受ける場合には、生前一括贈与による贈与税の納税猶予ではなく、相続時精算課税制度による贈与を活用するほうが良いでしょう。相続税精算課税制度により贈与を受けた農地については、法人への貸付けや譲渡について特に制限がありません。

相続時精算課税制度とは、贈与段階での課税について相続税の精算を前提にした概算払いと考え、贈与税を大幅に軽減したものです。対象となるのは、贈与者が60歳以上の親、受贈者は18歳以上の子（推定相続人）または孫の場合で、この制度を選択すると、非課税枠が2,500万円となり、複数年にわたって利用できます。本制度と従来の制度とのいずれを選択するかは、受贈者が行います。

Ｑ 28　農地所有適格法人の出資持分を譲渡する場合、どのように課税され、手続きはどうすればいいのですか？

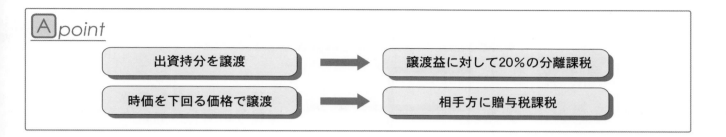

持分の譲渡への課税は20％の分離課税

　持分を譲渡した場合には、株式等の譲渡所得として譲渡益に対して20％（所得税15％＋住民税5％）の税率により分離課税されます。平成16年度税制改正により、上場株式等以外の株式等の譲渡について、平成16年1月から税率（従来は26％）が引き下げられました。

個人に対する低額譲渡は相手方に贈与税課税

　個人に対して時価を下回る金額で持分を譲渡した場合でも、その譲渡価額をもって譲渡所得の計算を行いますが、時価の2分の1未満の価額で譲渡したときは、譲渡損が生じてもなかったものとみなされ、損益通算することができません。

　時価を下回る金額で持分の譲渡を受けた相手方は、時価と対価との差額が贈与とみなされて贈与税が課税されます。贈与税の基礎控除（非課税枠）は、年110万円です。

　ただし、経営者である親が60歳以上の場合など一定の要件を満たすときは、相続時精算課税制度を活用して取得価額を若干上回る程度の金額を対価とした低額譲渡により子に持分を譲渡して経営移譲することも考えられます。新制度では相続時に贈与財産と相続財産を合算して課税しますが、贈与財産の価額は贈与時の時価となります。したがって、収益性が高く持分の価額が増加している経営であれば、早期に持分の移譲を行う方が有利になります。

持分の譲渡手続き

　株式会社（特例有限会社を含む）の場合、農地所有適格法人については定款により株式の譲渡制限を定めていますので、定款の定めにより、持分の譲渡は取締役会又は株主総会の承認が必要です。一方、農事組合法人の場合は、組合員間の持分の譲渡であっても組合の承認が必要です。

　相続による持分の取得については、株式会社（特例有限会社）の場合、総会や取締役会の承認は不要で、当然に持分が移転し、株主の地位を承継します。一方、農事組合法人の場合には、相続により取得するのは持分ではなく持分の払戻請求権ですので、相続人が持分を取得して組合員となるには加入の申込をして組合の承認を得る必要があります。

　なお、会社法の施行により、株式会社では、あらかじめ定款に定めておくことにより、相続で株式を取得した者に対して売渡請求を行うことが可能になりました。これにより、相続によって分散した株式を会社を通じて経営者が買い戻すことも可能になります。

Q 29　法人経営を行う上で、農業法人に出資した者の責任はどうなるのですか?

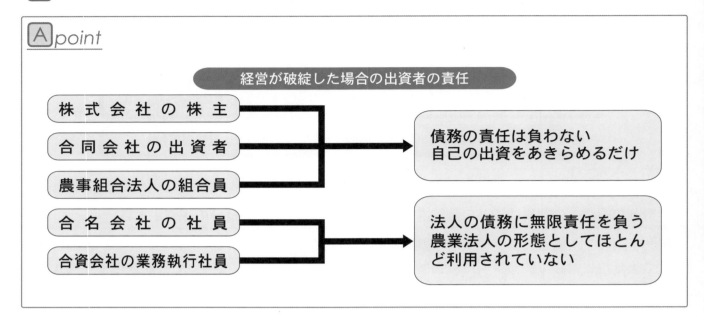

A point

経営が破綻した場合の出資者の責任

株 式 会 社 の 株 主
合 同 会 社 の 出 資 者
農事組合法人の組合員
→ 債務の責任は負わない
自己の出資をあきらめるだけ

合 名 会 社 の 社 員
合資会社の業務執行社員
→ 法人の債務に無限責任を負う
農業法人の形態としてほとんど利用されていない

法人形態により有限責任か無限責任に分かれる

　株式会社の株主、合同会社の社員(出資者)や農事組合法人の組合員の責任は、出資の履行(実際に金銭を払い込むこと、あるいは現物出資の対象資産を法人に引き渡すこと)のみであるため、出資を履行済みの株主、社員、組合員の責任は実際には何もないということができます。

　仮に、法人の経営が破綻し、法人の保有する資産をもっては、その負債の弁済ができない場合においても、株式会社の株主、合同会社の社員あるいは農事組合法人の組合員は、自己の出資に対する清算の払い戻しの一部あるいは全部をあきらめるだけで、あとは法人の債務に対し何の責任も負っていません。

合名・合資会社は、ほとんど利用されない

　一方、合名会社の社員、合資会社の業務執行社員はそれぞれ法人の債務に対し無限責任(責任が自分の出資額あるいは債務保証額に限定されない)を負っています。したがって、これらの法人はその責任の過酷さもあり、現在、農業法人の形態としてはほとんど利用されていません。

Q 30　家族経営を法人化する場合、どんなことに留意したらいいのですか？

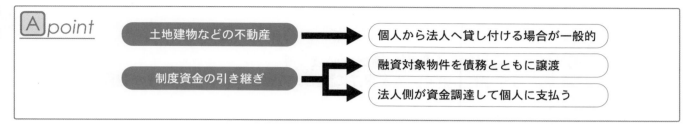

家族を中心とした農業法人「家族経営法人」は、その名のとおり家族経営をそのまま法人化したものです。家族の同意と協力があれば、法人化できますので、法人化しやすい形態です。

これまでは有限会社形態が多かったのですが、今後は株式会社形態となります。

法人設立に当たっては、農業経営相談所（令和4年度から農業経営・就農支援センター）、都道府県農業会議やJA中央会などの指導機関に相談し、アドバイスを受けたり、農業経営を法人化している先輩や仲間に指導や協力を受けられるような人的ネットワークづくりも大切な事項です。

家族経営の法人化に当たっては、次の事項に留意してください。

法人への資産の引き継ぎの留意事項

土地建物などの不動産は、一般的に個人から法人へ貸し付ける場合が一般的です。農業用機械施設などの動産は、法人に譲渡するのが一般的です。現金・預貯金は、法人に引き継ぐ場合は、「出資」にあたるので、課税が発生することなく引き継げます。

棚卸資産は、そもそも貸し付けすることができません。したがって、個人が法人化をする場合には、譲渡することが一般的です。

個人が簡易課税（または免税）で、法人が課税事業になって資産の譲受けにかかる消費税の還付を受ける場合、建物・構築物も譲渡した方が有利になる場合があります。

また、法人化に伴い個人の債務を整理したい場合は、農地も含めて資産を法人に譲渡することも考えられます。

引継資産に対する消費税については、課税事業者であれば、法人化に伴う資産の譲渡にも消費税がかかります。個人から法人へ資産を譲渡する場合、個人が消費税の課税事業者であれば消費税の納税義務が生じます。

消費税の課税事業者で本則課税の場合には、簡易課税になってから資産を譲渡した方が有利になります。

< 第3章23参照 >

制度資金の引き継ぎの留意事項

融資対象となった物件を債務とともに法人へ譲渡する方法が1つの方法です。もう1つの方法は、資産の買い取り資金を法人側で別途、融資を受け、その調達した資金により売買代金を個人に支払い、個人は受け取った代金で負債を返済する方法があります。

< 第3章24参照 >

その他の留意事項

農業者年金については、旧制度の経営移譲年金の受給者は法人の構成員になると給付が停止されますので留意することが必要です。従業員として雇用されることはかまいません。

< 第3章25・26参照 >

農地等の相続税・贈与税納税猶予制度の関係では、法人に農地を売ったり貸したりすれば、納税猶予の適用が受けられなくなります。

< 第3章27参照 >

Q 31　数戸の仲間と法人化する場合、どんなことに留意したらいいのですか？

> A point
>
> * 経営の目的や地域に応じた法人形態の選択が必要です
> * 個人よりも組織が優先されるので、法人設立に当たって運営についての合意が重要です

　仲間が集まってつくる組織法人は、個人経営と比べスケールメリットを追求した、より企業的な農業経営を展開するうえで有利な形態と考えられます。より多くの人材と資金が集まることで個人経営よりも大きな業務が可能です。組織こそ、企業の本質といえます。

　しかし、組織の運営にはシステムとリーダーが必要であり、個人の意見や考えのみで運営できないことが、家族経営法人と大きく異なるところです。

　法人の形態も、会社法人か農事組合法人かの選択基準については、企業的農業経営を追求するのであれば一般的には会社型法人を選択すべきですが、中山間地などで、仲間が力を合わせて農業機械の共同利用や農作業の協働化に取り組むのであれば、農事組合法人のほうが理解を得やすいかもしれません。

＜第2章12・13・17参照＞

　法人設立に当たっては、農業経営相談所（令和4年度から農業経営・就農支援センター）、都道府県農業会議やJA中央会などの指導機関に相談し、アドバイスを受けたり、仲間が集まって法人を運営している先輩や仲間に指導や協力を受けられるような人的ネットワークづくりも大切な事項です。

　また、個人より組織が優先されるので、構成員が運営をめぐって争わないように利益配分や労働評価、中途脱退者の取り扱いなどを設立時に覚え書きとして取りまとめておくことも検討すべきでしょう。

Q 32　私たちの農業法人は、近隣集落の他の法人との合併を検討中です。合併にも種類があると聞きますが、税務上の取り扱いも含めて教えて下さい。

A point

＊　農事組合法人と株式会社を直接に合併することはできません（事前に農事組合法人をいったん株式会社に組織変更しておく必要があります）
＊　合併には「吸収合併」と「新設合併」があります。いずれの場合も被合併法人から合併法人へ権利義務が包括承継されます
＊　譲渡所得税の課税をされないためには「適格合併」の要件を満たす必要があります

合併の概要

①　合併の意義

　自社と自社以外の法人が１つの組織となるのに際して、円滑な統合ができるように法律によって２つ以上の法人を１つの法人に統合する手続が定められています。その法定の手続にしたがって組織を統合する行為が合併となります。

　合併は法定の手続であることから、各法人の準拠法に規定される手続にそう必要があります。したがって、準拠法が異なる法人間での合併は直接的にはできない（注１）ことに注意が必要です。これにより、例えば農業協同組合法を準拠法とする農事組合法人と会社法を準拠法とする株式会社との合併は直接的にはできないことになります（注２）。

②　合併の種類

　合併には、合併する法人のうち１つの法人を存続法人として残し、その他の法人が全ての権利義務を存続法人に承継させた上で消滅する「吸収合併」と、合併する法人が新たに設立する法人に全ての権利義務を承継させた上で消滅する「新設合併」の２つの種類が存在します。

　どちらを選択するかについては、合併目的の達成のためにはどちらの形態が良いのかといった視点から検討がなされますが、新設合併の場合、新たな法人を設立する必要があることから、吸収合併に比べて多くの項目の検討が必要になるといった特徴があげられます。しかし、その反面で、新しい組織の内容に適合するように、商号、定款、役員、その他規則など、法人を運営していく諸制度を新たに構築できるといった特徴もあります。

③　合併手続のポイント

　吸収合併および新設合併のいずれの場合においても、法定される一連の手続きを経ることにより、消滅法人（以下、「被合併法人」とします）の全ての権利義務が包括的に存続法人または新設法人（以下、両者を合わせて「合併法人」とします）に承継され、被合併法人の出資者は、その対価として合併法人の株式または出資持分（以下、「株式等」とします）などを受けることになります。その法定される一連の手続の中でも重要とされるものが合併契約の締結といえます。

　合併契約には、法定される事項のすべてを盛り込む必要がありますが、その中でも特に重要とされるものが、被合併法人の出資者に交付される対価に関する事項といえます。被合併法人の出資者に交付される対価は、合併法人の株式等が一般的といえ、後述する事業譲渡の場合の対価が一般的に金銭とされる点と相違します。

　被合併法人の出資者に交付される対価は、被合併法人の１株または１口当たりの価値と、合併法人の１株または１口当たりの価値を基礎として算定がなされる「合併比率」と呼ばれる比率が用いられることにより計算がなされます。非上場企業の１株または１口当たりの価値の算定の仕方は複数の方法があります（注３）が、それらの中から単独または複数の方法を組み合わせて、適正と考えられる方式が選択され、合

併比率の計算がなされます。

④　税務上の取り扱い

　合併は法律的には被合併法人の全ての権利義務が包括的に合併法人に承継されるものとされます。しかし、税務上は原則として被合併法人から合併法人に資産の譲渡が行われたと認識し、あわせて被合併法人の出資者が被合併法人から財産の分配を受けたと認識することから、課税所得が発生する場合があり注意が必要です。

　合併に対する税務上の取り扱いは、主に、ア被合併法人、イ被合併法人の出資者の2者についての整理が必要です。その場合、当該合併が税制上の一定の要件を満たす「適格合併」に該当する場合には、税制上特例的な取り扱いが適用され、一定の要件を満たさず「非適格合併」とされる場合には、税制上原則的な取り扱いが適用されることになります。すなわち、税制上非適格合併とされる場合、被合併法人の課税関係では、合併法人に資産等を時価で譲渡したものとする処理が適用され、譲渡益が法人税の課税対象とされます。また、被合併法人の出資者の課税関係では、交付された合併法人の株式等の時価が被合併会社の残余財産の分配として交付されたものとみなされ、旧株式等の資本金等に対応する金額を超える額がみなし配当として課税を受けることになります（注4）。

　一方、税制上適格合併とされる場合、被合併法人の課税関係では、合併法人に帳簿価額で譲渡したものとして取り扱われることから、課税関係は生じません。また被合併法人の出資者の課税関係では、みなし配当に対する課税は行われません（注5）。すなわち、適格合併の場合、被合併法人および被合併法人の出資者の課税は繰り延べられることになります。

　この場合、適格合併とされるのは、「合併後も実態としては変動がない」と考えられる合併を指しますが、具体的には①企業グループ内の合併、または②合併法人と被合併法人が共同して事業を営むための合併に該当する場合とされています。

　以上のように、合併における税務上の取り扱いは、当該合併が税制上、適格合併、非適格合併のいずれに該当するかにより大きく異なることになります。したがって、実際に合併を行う場合、税務上の取り扱いが重要な検討項目の1つとなります。

　なお、合併等により農地法第3条の許可の対象とならずに農地の権利を取得した場合は、10か月以内に、取得した農地のある農業委員会へ届出が必要です。（農地法第3条の3）

（注1）合併ができない場合、1つの法人が全ての権利義務を他の法人へ事業譲渡した上で解散し、解散する法人の出資者が解散時に残余財産として分配された資産をもって他の法人の資本を引き受けるといった原則的な手法をとることにより、合併と同様の結果をもたらすことができます。しかし、その場合には全ての債権者や従業員の同意等を得る必要性があることから、実務上困難とされる場合が少なからず考えられます。

（注2）この場合には、農事組合法人を農業協同組合法の手続にしたがって株式会社へ組織変更を行い、その後、会社法の手続にしたがって合併を行うことができます。

（注3）例えば、税務上使用される「純資産価額方式」、「類似業種比準価額方式」、「併用方式」、「配当還元方式」や会計で使用される「DCF法」などが挙げられます。

（注4）被合併法人の株式等に代えて、金銭などの合併法人の株式等以外の資産の交付がある場合には、被合併法人の株式等の譲渡損益について課税されます。

（注5）適格合併では、被合併法人の株式等に代えて合併法人の株式等以外の資産の交付がないことが条件とされていることから、被合併法人の株式等の譲渡損益について課税されるケースは存在しません。

法人を丸ごと合併させる以外にも、事業の一部を譲渡する方法もあります

　事業譲渡とは、自社の事業の1部（または全部）を他者に通常の売買取引と同じように譲渡し、その見返りとして金銭等を受けとるといった手法です。

　事業譲渡においては、自社が所有する有形・無形の資産や負債の内、譲渡および承継を希望する対象を個別に選択し譲渡金額の算定を行い、買い手との交渉を経た上で合意に至った条件で譲渡が行われます。すなわち、事業譲渡では譲渡会社の権利・義務が買い手に個別的に承継されることが特徴といえます。また、事業譲渡を行うには、自社と買い手との合意以外に、債務の承継に関しては債権者の個別の同意が必要とされ、自社の従業員の買い手への移行に関しては、従業員の個別の同意が必要となる点に注意が必要となります。事業譲渡を行う場合、この個別の同意を得ることができるか否か、または一つひとつの同意を個別に得ていくという事務手続きの煩雑さがひとつのポイントとされます。加えて、事業譲渡は通常の売買取引類似の取引でもあることから、原則として契約当事者の形態による制限を受けないといった特徴もあります。

　事業譲渡を実施した場合の税務上の取り扱いについては、事業譲渡をする法人の譲渡資産の譲渡益が法人税の課税対象とされます。前述の「合併」においては、一定の条件を満たす場合の合併に譲渡益を繰り延べる特例措置が設けられておりますが、事業譲渡にはそのような特例措置が設けられていない点に注意が必要です。

参考：農事組合法人から株式会社等への組織変更について

実際の変更にあたっては、行政庁におたずねください。

1．法的根拠

　　平成13年の農協法改正により、農事組合法人から直接株式会社に組織を変更することが可能となった。

2．総会の特別決議が必要

　　総会において、次の議案を総組合員の2／3以上による議決が必要

　①組織変更計画書

　②定款、その他会社の組織に必要な事項

　③組織変更後の取締役及び監査役の選任

3．組織の変更を公告することが必要

　　総会の決議が行われた後2週間以内に次の事項について公告することが必要

　①決議の内容

　②貸借対照表

4．組織変更に不参加の組合員の扱い

　　総会前に先立ち、書面により組織変更に反対意思を通知した者は、組織変更の日から20日以内に書面による持分の払い戻し請求により脱退できる。

5．登記

　①農事組合法人の解散の登記・株式会社設立の登記は、効力が生じた日から2週間以内に行う必要がある。

　②組織の変更をしたときには、遅滞なく行政庁に届け出ることが必要である。

（出典：岐阜県農業協同組合中央会『農事組合法人設立・運営マニュアル』第2版）

第4章

労務管理と福利厚生

Q 33 農業法人における労務管理を推進する際のポイントは何ですか?

A point

＊ 法令を遵守し、かつ、法人の目的と従業員のモチベーションを融合させる施策が必要になってきます

労 務 管 理 と は

企業を合理的に運営していくためには、企業の経営資源である「ヒト」、「モノ」、「カネ」を総合的・統一的に結び付けて管理していくことが必要不可欠です。労務管理は、この3つの経営資源のうち、「ヒト」に着眼した管理であり、法人側から見れば、労働力の有効活用をめざす施策の体系ということになります。

基 本 的 な 留 意 点

①法令の遵守

労務管理を推進していく際には、労働基準法、最低賃金法などの関係諸法令を遵守することが必要です。法令の遵守は、特に法人に限らず、個人経営の場合にあっても当然要求されますが、法人の場合は対外的な信用が大きい分、より一層の注意が望まれます。

②従業員のモチベーションに対する配慮

法人の目的達成のために、労働力の有効活用を図るといっても、従業員は生身の人間であり、具体的な感情をもっています。経営者は、制度作りや日々の職務上の会話においても、従業員の「やる気」(モチベーション)に配慮し、信頼関係を築いていくことに努めなければなりません。

以下、労務管理施策のテーマを分類・整理して掲げることにします。

労働秩序をしっかり確立させ、働きやすい職場環境を作るための施策

＊就業管理(始業・終業時刻、休日、休暇等)
＊雇用管理(昇進、人事異動)
＊賃金管理(賃金計算、支払時期、支払方法など)

良い人材を得て、その者が能力を最大限発揮できる

＊雇用管理(募集、採用、配置、退職など)
＊教育訓練管理
＊安全衛生管理
＊作業条件管理(職場環境、労働時間の長さなど)
＊賃金管理(賃金額の決定方法、賃金体系)

従業員がやる気、生きがいを持って、安心して働けるようにするための施策

＊福利厚生管理(各種保険への加入、慶弔、レクリエーションなど)
＊作業条件管理(休暇の与え方など)
＊人間関係管理(提案制度、職場懇談会など)

Ⓠ 34　農業法人にも労働基準法が適用されるのでしょうか？

Ⓐ *point*

＊ 農業法人にも労働基準法の適用はありますが、「労働時間・休憩・休日」に関する規定については、適用が除外されています

労働基準法適用の大原則

まず、適用「事業」という点から見ると、労働基準法は、業種、事業規模の如何を問わず、1人でも従業員を雇い入れて事業を営んでいる場合には、適用があります。したがって、農業法人の場合も、従業員が1人でもいれば、適用の対象になります。

つぎに、労働基準法の適用を受ける「労働者」は、雇用形態の如何を問いません。よって、パートタイマーやアルバイトのような非正規的な従業員にも労働基準法が適用されます。

適用が除外される規定

農業は、その性質上、気候や天候に左右されることが多く、他の事業よりも、労働時間や休日に関する柔軟な取り扱いが要請されます。そのため、労働基準法の諸規定のうち、「労働時間・休憩・休日」に関する諸規定は、農業には適用されません。ここで、注意していただきたいのは、「年次有給休暇」は「休日」とは別の制度として取り扱われており、農業にも年次有給休暇に関する労働基準法の規定が適用されるということです。

適用が除外されるということの意味

「労働時間・休憩・休日」に関する規定が農業には適用されないというのは、労働基準法の基準に違反したとしても、法違反として扱われないという趣旨であり、長時間労働や休日出勤を安易に認めてよいという意味ではありません。労働者の健康管理、効率的な業務遂行という観点から、労働基準法の基準（例えば、1日8時間・1週40時間労働）を尊重して労働時間の管理を行っていくことが望まれます。

Q 35　農業法人が人を雇い入れる場合、労働条件に関しては、どのようなことに注意したらよいのでしょうか？

A point

＊ 労働条件の明示、賃金の支払い方法、年次有給休暇などについては、労働基準法等の法令を遵守するようにしなければなりません

労働条件の明示

　労働条件をめぐる無用のトラブルを防止すべく、新たに人を雇い入れる場合には労働条件を明確に定め、それを労働者にきちんと通知することが必要です。労働基準法も、賃金（昇給に関する事項を除く）、労働時間、休日、休暇などの主要な労働条件については、書面（労働条件通知書）を交付することによって労働者に明示すべきことを使用者（法人）に義務付けています。なお、労働条件通知書の書式例については、厚生労働省のホームページ等で確認することができます。

賃金の支払い方法など

　賃金は、労働者の生活の糧であり、その支払いが確実になされる必要があります。労働基準法は、賃金の支払いに関する原則として、①通貨払いの原則（現物給与の禁止）、②直接払いの原則（第三者によるピンハネの防止）、③全額払いの原則（賃金からの控除が認められるのは、法令または労使協定がある場合のみ）、④毎月1回以上・一定期日払いの原則を定めています。なお、賃金の額については、最低賃金法によって、都道府県ごとの最低賃金額が定められており（金額については、各都道府県の労働局のホームページ等で確認できます）、その額を下回ることはできません。

年次有給休暇

　使用者（法人）は、出勤率8割以上の労働者に対し、下記の基準により年次有給休暇を付与しなければなりません。

勤続年数	0.5	1.5	2.5	3.5	4.5	5.5	6.5～
休暇日数	10	11	12	14	16	18	20

　年次有給休暇は、労働者の請求により実際の休暇日が確定します。使用者（法人）は、原則として労働者の請求した時季に休暇を与えなければなりませんが、請求された時季に休暇を与えることが「事業の正常な運営を妨げる場合」は、別の時季に与えることができます。なお、1週間の所定労働時間が30時間未満で、かつ、1週間の所定労働日数が4日以下のパートタイマーについては、所定労働日数に応じて、通常の労働者よりも少ない日数の年次有給休暇を与えれば足りることになっています（年次有給休暇の比例付与制度）。

　2019年4月から、改正労働基準法により、すべての企業において年10日以上の有給休暇が付与される労働者に対して、年次有給休暇の日数のうち、年5日については、使用者が時季を指定して取得させることが必要になりました。ただし、すでに5日取得済みの労働者に対しては、使用者による時季指定は不要です。つまり、10日以上有給休暇を付与される労働者について、5日間取得させる義務がある、ということになります。実務的には、計画的に労働者に呼びかけ、有給休暇の取得を促進していく必要があります。

36　外国人材の活用では、どのようなことに留意すべきですか？

point

＊ 外国人も日本国内で就労する限り、原則として労働関係法令の適用があります
特定技能外国人が活用されることによって、外国人材に対して２種類のルールが併存することになるので留意が必要です

農業における外国人活用の種類

農業分野においては、従来より在留資格「技能実習」で入国した外国人材が技能実習生として全国各地で活躍していますが、2017年6月に国家戦略特別区域法（特区法）が改正され、在留資格「特定活動」で入国した外国人材が、2018年より、特区として認定された地域（愛知県、京都府、新潟市、沖縄県）で、労働者として農作業に従事しています。

さらに、2018年12月に外国人労働者の受け入れを拡大する改正出入国管理法の改正案が成立し、2019年4月より在留資格「特定技能」で入国した外国人材や技能実習の終了後に特定技能に在留資格を変更した外国人材が全国各地で農業に従事することが可能になりました。なお、特区制度による外国人材の受け入れ事業は、新たな特定技能制度に移行することになっています。

外国人技能実習生の労務管理

外国人も日本国内で就労する限り、原則として労働関係法令の適用があります。具体的には、労働基準法、労働契約法、労働安全衛生法、最低賃金法、労働・社会保険等については、外国人についても日本人と同様に適用されます。たとえば、労働基準法第3条は、労働条件面での国籍による差別を禁止しており、外国人であることを理由に低賃金で雇用することは許されません。

また、外国人技能実習生は外国人労働者に含まれるので、労働基準法、労働安全衛生法、最低賃金法、労働者災害補償保険法等の労働者に係わる諸法令が適用されます。

なお、農業は労働基準法の労働時間、休憩、休日、割増賃金（深夜労働は除く）に関する規定については適用除外とされていますが、技能実習制度においては、他産業との均衡を図る意味から、この適用除外事項についても基本的に労働基準法の規定に準拠するものとされています（農林水産省通知「農業分野における技能実習移行に伴う留意事項について」（平成12年3月）（以下「農林水産省通知」という））。

具体的には、1日8時間または週40時間を超えて労働させたときには2割5分増し以上、法定休日に労働させたときには3割5分増し以上の割増賃金を支給しなければなりません。このことは、農業の技能実習制度の大きな特徴であり、外国人技能実習生を受け入れる際、とくに留意する必要があります。

特定技能外国人材の労務管理

現在、外国人技能実習生に対しては、農林水産省通知により、労働基準法41条により農業で適用除外となる労働時間、休憩、休日等については「労働基準法を準拠すること」とされています。したがって、外国人技能実習生は、労働者と異なり、農業では適用除外となっている法定労働時間や週休制等の適用があり、時間外労働や休日労働については割増賃金が支払われています。

これに対して、特定技能外国人材は、あくまでも労働者です。つまり、特定技能外国人は、日本人労働者と同じ扱いになり、労働基準法41

条により労働時間、休憩、休日とそれに係る様々な条項が適用除外となります。具体的には、労働時間の上限規制等はなく、規制がないためペナルティとしての割増賃金の支払い義務は深夜割増を除きありません。

　従来、農業の現場で活躍する外国人のほとんどが技能実習生でしたが、特定技能外国人が活用されることによって、外国人材に対して２種類のルールが併存することになるので留意が必要です。

＜技能実習生と特定技能外国人の両方を受け入れる場合の留意点＞

　労務管理上のルールを混乱させないため、外国人材に対するルールを統一することを検討してください。具体的には労働基準法の労働時間、休憩、休日、割増賃金（深夜労働は除く）に関する規定について「適用除外としない」ということです。

＜日本人労働者と一緒に働く場合の留意点＞

　労働基準法は、国籍・信条・社会的身分・性別を理由とする労働条件の差別的扱いや強制労働を禁止（労働基準法３条、４条）しており、特定技能外国人材の所定労働時間や賃金等の労働条件は、日本人労働者と同等以上にする必要があります。

　このため、特定技能外国人材には割増賃金を支給し、日本人労働者には割増賃金を支給しないことは、これが国籍のみを理由としている場合は労働基準法違反となるので注意してください。この場合は、日本人労働者にも労働時間関係を適用除外とせず、労働基準法に準拠する必要があります。

　また、この場合において外国人技能実習生も受け入れているときは、同様にルールを統一する必要があります。

（出典：農林水産省「農業版　労務管理のススメ」（https://www.maff.go.jp/ j /kobetu_ninaite/attach/pdf/index-51.pdf）を一般社団法人全国農業会議所が編集・加工）

Q 37　労働保険（労災保険と雇用保険）の適用に関する手続や保険料はどうなっていますか？

A point

＊ 労災保険は労働基準監督署、雇用保険は公共職業安定所（ハローワーク）を窓口に手続を行います。保険料は、支払われた賃金に一定の保険料率を乗じて計算し、年度ごとに1回、申告納付します

労働保険とは

　労災保険と雇用保険は、いずれも労働者の保護を本来の目的としていますので、労働保険と総称されています。農業法人を設立して労働保険の適用事業をスタートさせる際には、「保険関係成立届」を労働基準監督署（労災保険分）と公共職業安定所（雇用保険分）に提出します。また、雇用保険については、「雇用保険適用事業所設置届」の提出も必要です。

労災保険

　労災保険は、雇用形態の如何を問わず、適用事業所に使用されるすべての「労働者」を保護の対象にしています。そのため、他の社会保険制度のように従業員の入社・退職に伴う被保険者関連の手続は不要です。なお、法人役員が特別加入を希望するときは、労働基準監督署を経由して手続を行います。

　保険料については、賃金総額（通勤手当等も含む総支給額）の1000分の13に相当する額を事業主（法人）が負担します。他の社会保険制度とは異なり、従業員の負担はありません。保険料の納付は年度単位で行うシステムがとられており、保険年度（4月1日〜翌年3月31日）の翌年の7月10日までに前年度に納付済みの概算保険料と前年度の賃金総額に基づき計算した確定保険料との差額の精算を行うとともに、今年度の概算保険料を申告納付します。

雇用保険

　雇用保険については、適用対象となる従業員の入社・退職時に被保険者資格の取得・喪失の手続が必要になります。いずれの手続も、公共職業安定所が窓口になります。

　保険料については、賃金総額（通勤手当等も含む総支給額）の1000分の9.5に相当する額を事業主（法人）が、1000分の6に相当する額を従業員が負担します（令和5年2月現在）。事業主は、給与や賞与を支払う都度、従業員の賃金から従業員負担分の雇用保険料を控除します。なお、保険料の納付システムは、労災保険に準じます。

Ｑ　38　健康保険や厚生年金保険の適用に関する手続や保険料はどうなっていますか？

Ａ point

＊ 健康保険と厚生年金保険に関しては、いずれも年金事務所を窓口に手続を行います。保険料については、標準報酬月額（給与にかかる保険料）、標準賞与額（賞与にかかる保険料）に一定の保険料率を乗じて計算し、月ごとに納付します

新規適用の手続

　法人を新たに設立した場合には、「健康保険・厚生年金保険新規適用届」を年金事務所に提出します。この届出書には、法人の登記簿謄本等を添付しなければなりません。

被保険者に関する手続

　適用対象となる従業員の入社・退職時には、被保険者の資格取得・喪失に関する手続を年金事務所に対して行います。健康保険と厚生年金保険は、被保険者となる者の範囲が原則として重なるので、資格の取得と喪失に関しては、それぞれ共通の届出書で手続を進めることになります。また、健康保険の被扶養者（一定の条件を満たした扶養家族）については、別途、届出書があります。

保険料に関する取扱い

　給与にかかる保険料については、標準報酬制度が採用されており、各従業員の給与水準（原則として、４・５・６月に支給される給与が基準になります）に応じた等級のランクがあり、そのランクに相当する標準報酬月額に保険料率を乗じて計算します。保険料率は、健康保険が1000分の100（全国平均）、厚生年金保険が1000分の183.00となっており、負担は、事業主（法人）と従業員の折半です（令和５年２月現在）。事業主は、翌月の給与から従業員負担分を控除したうえで、翌月末日までに保険料を納付します。

　賞与にかかる保険料については、標準賞与制度が採用されており、支給された賞与（1000円未満の端数切捨て、健康保険は年度累計573万円・厚生年金保険は１カ月150万円が上限）に上記の保険料率を乗じて計算します。事業主と従業員が折半する点も同様です。事業主は、支給する賞与から従業員負担分を控除したうえで、支給日の翌月末日までに保険料を納付します。

Q 39　農業法人の役員やパートタイマーの社会保険制度の適用については、どのように考えればよいでしょうか。

A point

＊ 役員については、労災保険の特別加入、社会保険（健康保険・厚生年金保険）への加入が問題になります

＊ パートタイマーについては、労災保険の適用は当然ですが、雇用保険、健康保険、厚生年金保険については、加入の基準があります

法人役員の社会保険加入

①業務執行権を持たず、業務執行権を有する役員の指揮命令に従って働いている者

「労働者」としての性格も有しているため、労働保険（労災保険・雇用保険）も含め、すべての社会保険に加入します。

②業務執行権を有する役員

「労働者」ではないので、労働保険には加入しません。ただし、従業員数300人以下の中小企業では、事業主としての立場で労災保険に特別加入する途が開かれています。この特別加入をするためには、労働保険事務組合（事業主の委託を受けて労働保険事務を処理する厚生労働大臣認可の団体）に労働保険に関する事務処理を委託したうえで、労働基準監督署を経由して都道府県労働局長に申請する必要があります。

健康保険と厚生年金保険については、法人から定期的に報酬を受けていれば、加入します。

パートタイマーの社会保険加入

労災保険は、広く労働者を保護するための保険制度であり、「労働者」であれば雇用形態の如何を問わず適用があります。よって、パートタイマーにも労災保険は適用されます。

雇用保険は、①１週間の所定労働時間が20時間以上で、かつ、②31日以上継続して雇用される見込みがある場合には、パートタイマーも加入します。

健康保険・厚生年金保険は、次のいずれにも該当すれば、パートタイマーも加入します（従業員が100人以下の企業の場合）。

①１週間の所定労働時間が、一般社員の所定労働時間の４分の３以上

②１カ月の勤務日数が、一般社員の４分の３以上

参考　社会保険制度の総まとめ

各制度の保険料

				個人又は任意組合		農事組合法人		有限会社 株式会社
						従事、利用分量の配当(注)	確定賃金の支給	
公的制度	医療保険	事業主 従業員	強制	国民健康保険 （従業員は任意包括で健康保険に加入可能）		強制	健　康　保　険	
	年金保険	事業主 従業員	強制	国　民　年　金 （従業員は任意包括又は単独で厚生年金に加入可能）		強制	厚 生 年 金 （70歳未満）	
			任意	農　業　者　年　金				
	労災保険	事業主	任意	［中小企業主等特別加入］ （労働者を年に100日以上雇用し、労働保険事務組合取り扱いの場合）				
		従業員	強制	従業員5人以上 または特定の危険有害な作業を主として行う事業		強制	従 業 員 1 人 以 上	
			任意	従業員5人未満				
	雇用保険	事業主		適　用　な　し				
		従業員	強制	従業員5人以上		強制	従 業 員 1 人 以 上 （一般、高齢、短期特例）	
			任意	従業員5人未満				
任意制度	上積み保障			労災保険の上積み（損害保険会社扱い）、厚生年金基金など				
	退　職　金			独自の退職金規程によるもの、中小企業退職金共済（従業員）、 小規模企業共済（役員）など				

※雇用がなされていることを前提としています。
注：従事・利用分量配当を行う農事組合法人の構成員については国民健康保険、国民年金に加入することになります。

保険事故による社会保険の適用区分

	負傷・疾病	死　亡	障　害	老　齢	失　業　等
業務災害 通勤災害	労　災　保　険				雇用保険
		厚　生　年　金 （老齢、障害、死亡）			
業　務　外	健　康　保　険				

各制度の保険料

	保険料算定基礎賃金	保 険 料 率			保険者への納付期間
		事業主負担	従業員負担	計	
健 康 保 険	標準報酬月額及び賞与	50／1000	50／1000	100／1000	前月分を毎月納付
介 護 保 険	標準報酬月額及び賞与	8.2／1000	8.2／1000	16.4／1000	前月分を毎月納付
厚 生 年 金	標準報酬月額及び賞与	91.5／1000	91.5／1000	183.00／1000	前月分を毎月納付
児童手当拠出金	標準報酬月額及び賞与	3.6／1000	な し	3.6／1000	前月分を毎月納付
労 災 保 険	全 て の 賃 金	13／1000	な し	13／1000	年１回７月に概算・精算納付（注）
雇 用 保 険	全 て の 賃 金	9.5／1000	6／1000	15.5／1000	年１回７月に概算・精算納付（注）

（注）：労働保険事務組合扱い及び労災保険料20万円以上、雇用保険料20万円以上の事業所は、年３回の延納ができます。
　　　　健康保険は、全国健康保険協会の全国の平均です。

保険料試算

設 例		社 会 保 険				労働保険		雇用保険	上段：法人負担額／下段：個人負担額
		健康保険	介護保険	厚生年金	児童手当拠出金	特別加入	一般加入		
法人の代表者	月額50万円	○ 50,000円	○ 8,200円	○ 91,500円	○ 1,800円	○任意 4,745円			81,395円 74,850円
法人の代表者の妻	月額30万円	○ 30,000円	○ 4,920円	○ 54,900円	○ 1,080円	○任意 4,745円			50,735円 44,910円
常用労働者1名	月額28万円	○ 28,000円	○ 4,592円	○ 51,240円	○ 1,008円		○ 3,640円	○ 4,340円	49,224円 43,596円
アルバイト	月額10万円						○ 1,300円		1,300円 0円
報酬＋賃金の合計	月額118万円								
月額	法人の負担額	54,000円	8,856円	98,820円	3,888円	9,490円	4,940円	2,660円	182,654円
	個人の負担額	54,000円	8,856円	98,820円				1,680円	163,356円
	合 計	108,000円	17,712円	197,640円	3,888円	9,490円	4,940円	4,340円	346,010円

（注）：介護保険料は40歳以上65歳未満。賞与支払があれば別に同率で算定。労災の特別加入は給付基礎日額12,000円で算定

Q 40　農事組合法人の役員が小規模企業共済に加入できるようになったと聞きましたが、どのような制度ですか？

A point

* 本制度は、小規模企業共済法（昭和40年法律第120号）に基づき、小規模企業の個人事業主又は会社等の役員が事業の廃止等に備えて生活の安定や事業の再権を図るための資金を予め準備することを目的とした共済制度で、いわば「経営者の退職金制度」といえるものです
* これまでも、個人事業主である農業者のほか、株式会社等の役員は、加入が認められていました

　平成17年4月1日から農事組合法人の役員の方が小規模企業共済の加入対象となりました。

　加入対象となるのは、常時使用する従業員が20人以下の農業協同組合法第72条の10第1項第2号に規定する「農業の経営」を主として行っている農事組合法人の役員の方です。

（注）農業に係る共同利用施設の設置又は農作業の共同化に関する事業のみを行う農事組合法人の役員の方は対象となりません。

小規模企業共済制度の概要

1 趣旨	●小規模企業共済法に基づき昭和40年に発足 ●小規模企業者の廃業や退職に備えるための共済制度 ●小規模企業者の拠出した掛金を基に（独）中小企業基盤整備機構が運営 ●在籍者数147.5万人（うち農業者3.44万人）〈R2.3末〉	**4** 共済金等	●原則として、加入後6カ月以降に受領が可能 ●共済金等を受領できる理由 ・個人事業の廃止、会社等の解散 ・役員の疾病、負傷又は死亡、老齢給付（65才以上で納付期間15年以上） ・任意退職、配偶者又は子に事業の全部を譲渡（加入後12カ月以降に受領が可能） ・任意解約など（加入後12カ月以降に受領が可能）
2 加入資格	●常時使用する従業員等が20人（商業・サービス業は5人）以下の ・個人事業者 ・会社、企業組合、協業組合の役員 [加入者対象者の追加] ●常時使用する従業員の数が20人以下の農業経営を行う農事組合法人の役員	**5** 税制上の取扱い	● [掛　金] 全額所得控除扱い ● [共済金] 退職所得扱い（任意解約等は一時所得扱い）、分割共済金は公的年金等の雑所得扱い
3 掛金	●月額1,000円〜70,000円（500円きざみで自由に選択）	**6** その他	● [分割支給] 共済金については、「一括支給」、「分割支給」、「一括支給/分割支給併用」が可能（一定の要件が必要） ● [貸付制度] 加入者は、納付額の範囲内で事業資金の貸付を受けることが可能

Q 41　中小企業の従業員のための退職金制度があると聞きましたが、どのような制度ですか？

A point
* 中退共制度は、昭和34年に中小企業退職金共済法に基づき設けられた中小企業のための国の退職金制度です。管理が簡単で、加入助成や税法上の特典などもあり、退職金制度が手軽に作れます

◎国の助成があります
<新規加入助成>
　新しく中退共制度に加入する事業主に以下の助成があります。
(1)　掛金月額の2分の1（従業員ごと上限5,000円）を加入後4か月目から1年間、国が助成します。
(2)　パートタイマー等短時間労働者の特例掛金月額（掛金月額4,000円以下）加入者については、(1)に次の額を上乗せして助成します。
　　掛金月額2,000円の場合は300円、3,000円の場合は400円、4,000円の場合は500円
※ただし、同居の親族のみを雇用する事業主などは、新規加入助成の対象にはなりません。

<月額変更助成>
　掛金月額が18,000円以下の従業員の掛金を増額する事業主に、増額分の3分の1を増額月から1年間、国が助成します。
　20,000円以上の掛金月額からの増額は助成の対象にはなりません。
※同居の親族のみを雇用する事業主は、助成の対象にはなりません。
※中退共制度に加入した企業に、独自の補助金制度を設けている地方自治体もあります。補助金制度を設けている自治体はこちらをご覧ください。

◎税法上の特典があります
　中退共制度の掛金は、法人企業の場合は損金として、全額非課税となります。

※資本金または出資金が1億円を超える法人の法人事業税については、外形標準課税が適用されますのでご留意ください。

◎管理が簡単です
　毎月の掛金は口座振替で納付でき、加入後の面倒な手続きや事務処理もなく従業員ごとの納付状況、退職金額を事業主にお知らせしますので、退職金の管理が簡単です。

◎掛金月額が選択できます
　掛金月額は、従業員ごとに16種類から選択できます。
　また、掛金月額はいつでも変更できます。

◎掛金の一括納付（前納）
　掛金は、12か月分を限度として、一括納付（前納）できます。

◎通算制度の利用でまとまった退職金を受け取ることができます
　過去勤務期間も通算できます。
　企業間を転職しても通算できます。
　特定業種退職金共済制度と通算できます。
　特定退職金共済制度と通算できます。

詳しくは、
（独）勤労者退職金共済機構
中退協　のHPをご参照下さい。
http://chutaikyo.taisyokukin.go.jp/

第5章

集落営農の法人化

Q 42　集落営農の組織化・法人化が推進されていますが、そのねらいは何ですか？

A point

| 集落営農の組織化・法人化のねらい | → | 地域の農業を担う「効率的かつ安定的な農業経営」として育成すること |

　集落営農のうち一定の要件を満たすものを「集落型経営体」として、認定農業者と並ぶ担い手として位置付けるという政策方針は、米政策改革（平成14年12月）の中で、それまで農業の担い手として明確に位置づけられていなかった集落営農に対し、明確に政策の位置付けをしようとするものでした。

　農業経営基盤強化促進法の改正（平成15年9月）において、法人格をもたない任意組織としての集落営農組織のうち、経営主体としての実体を有するものが農用地利用改善事業において「特定農業団体」として位置づけられました。

　また、平成17年3月に閣議決定された食料・農業・農村基本計画においても、認定農業者とともに、集落営農のうち、一元的に経理を行い法人化する計画を有するなど、経営主体としての実体を有し、将来効率的かつ安定的な農業経営に発展すると見込まれるものが担い手として位置付けられました。

　さらに、平成19年度より導入された品目横断的経営安定対策の対象となる担い手として、認定農業者とともに、これらの集落営農も位置付けられました。こうした集落営農が将来、「効率的かつ安定的な農業経営」に発展するよう、その組織化・法人化が推進されます。

特定農業団体（基盤法第23条第4項）

　特定農業団体制度は、経営主体として実体を有する集落営農組織について、効率的かつ安定的な農業経営への発展を図ることを目的とし、平成15年9月に施行された農業経営基盤強化促進法の一部改正により創設された制度です。

　本制度は農用地利用改善団体が、農地の利用集積を図る相手方として、特定農用地利用規程（農地の利用に関する準則）に、地域の農用地を面としてまとまって利用し、実質的には経営主体として機能している農作業受託組織（特定農業団体）を位置付けることができるとするものです。

　この特定農業団体は、5年以内に法人化することが確実なものということを要件にしています。これは、法人化することによって農地の利用権等の権利主体となれるなど継続的・安定的な経営主体となることができるからです。

　なお、特定農業団体が法人化した場合、簡素な手続き（届出）で「特定農業法人」になれます。

特定農業団体の要件（基盤法施行令第11条）

① 代表者その他の事項について定めた定款又は規約を有していること

② 農業経営を営む法人になる計画を有しており、その計画が農林水産省令に定める基準に適合していること

［農林水産省令に定める基準］（基盤法施行規則第20条の10、基本要綱別紙11第３）

　ⅰ 5年以内に農業経営を営む法人になることを予定していること

　ⅱ 農業経営を営む法人になる具体的な活動計画（内容及び時期）を有していること

　ⅲ 主たる従事者が目標とする農業所得の額が定められており、かつ、その額が同意市町村の基本構想で定められた目標農業所得額と同等以上の水準であること

　ⅳ 目標とする農業経営の規模、生産方式その他の農業経営の指標が定められており、かつ、その内容が同意市町村の基本構想で定められた効率的かつ安定的な農業経営の指標と整合するものであること

③ その他農林水産省令で定める要件（基盤法施行規則第20条の11）

　ⅰ 耕作または養畜を行うことを目的としていること

　ⅱ 耕作または養畜に要する費用をすべての構成員が共同して負担していること

　ⅲ 耕作または養畜による利益をすべての構成員に配分していること

④ 特定農用地利用規程の要件（基本要綱第12・3（4））

　特定農業団体に対する農用地の利用集積の目標が、農用地利用改善事業の実施区域内の農用地の３分の２以上を利用集積するものであること

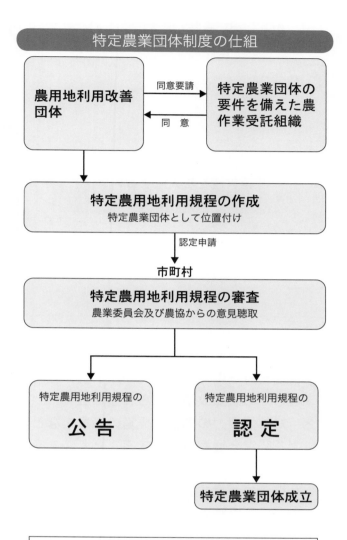

特定農業団体制度の仕組

農用地利用改善団体 →同意要請→ 特定農業団体の要件を備えた農作業受託組織 →同意→

特定農用地利用規程の作成
特定農業団体として位置付け

認定申請

市町村

特定農用地利用規程の審査
農業委員会及び農協からの意見聴取

特定農用地利用規程の **公告**

特定農用地利用規程の **認定**

特定農業団体成立

農用地利用改善団体とは？

　農業経営基盤強化促進法に基づき、集落等の地縁的なまとまりのある区域内の農用地について所有・利用等の権利を有する者が組織する団体で、作付地の集団化・農作業の効率化、農用地の利用関係の改善を行うものです。

特例農用地利用規程とは？

　通常の農用地利用規程に農用地利用改善事業等の実施区域内の農用地について利用権の設定等を受ける者を認定農業者及び農地中間管理機構に限る旨等を定めたものです。規程の有効期間中（５年間）は認定農業者及び農地中間管理機構以外の者への権利の移転等が制限されますが、農地中間管理機構に譲渡した場合の譲渡所得の特別控除の特例措置が設けられています。令和元年の農地中間管理事業の推進に関する法律等の一部を改正する法律で創設された新しい仕組みです。

Q 43　集落営農を法人化するメリットは何ですか?

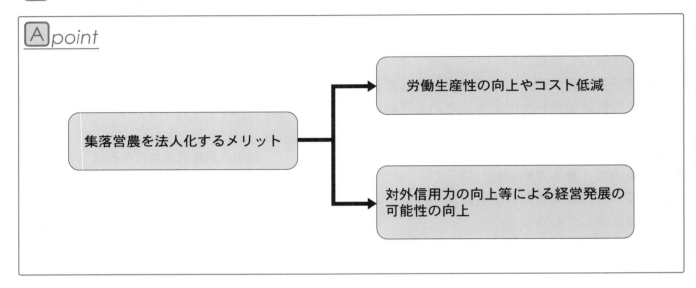

集落営農を法人化した場合のメリットは、

①　経営責任に対する自覚が生まれ、経営者としての意識改革が図られること

②　対外信用力の向上や経営の多角化などによる経営発展も期待できること

③　地域の雇用の場となったり、経営の円滑な継承にも資する

などの一般的な法人化のメリットに加え、集落営農を法人化した場合は任意組織から法人格をもつことになることから、

④　農地の利用権等の権利主体となれること

⑤　継続的・安定的な経営主体となれること

⑥　農地所有適格法人となることで税制上の特例措置である農業経営基盤強化準備金制度が活用できること

などのメリットを有しています。

一方、集落営農を法人化する場合の越えなければならないハードル・課題としては、

①　従業員に対する社会保険や労働保険の保険料負担によるコストが掛かること

②　一定の利益が見込まれない組織では、法人化による税制上のメリットが享受できないこと

③　いままで平等に責任が分担されていたものが、特定の者(役員)に経営責任が負わされること

などの課題が考えられます。

　いずれにしても、集落営農を法人化することにより、集落の農地を法人の下で一括して計画的に利用し、労働力の軽減やコスト低減が図られるとともに、対外信用力の向上等により、経営発展の可能性が高まりますので、任意組織のままの集落営農ではなく法人化することを検討して下さい。

Q 44　どのような手順を踏んで法人化したらいいのですか？

A point

集落営農が組織化されていない場合のイメージ図です

集落のリーダー等の意思統一と方針決定	▶	集落ぐるみの話し合いと合意形成	▶	集落営農の組織化	▶	法人設立の手続きの実行

集落営農を法人化する場合の基本的な手順は、①集落の組織と②法人化の２段階になります。

①新たに集落営農を組織化する場合は、

ⅰ　まず、集落のリーダー等の意思統一と方針決定を行い、

ⅱ　次に、集落ぐるみの話し合いと合意形成を行い、

ⅲ　集落営農の組織化（特定農業団体化）を図り、

②法人化の手続きとしては次のステップが必要です。

ⅰ　営農組合役員等の意志統一と方針決定

ⅱ　組合員への説明と合意形成

ⅲ　発起人の選任と基本事項の案の作成

ⅳ　組合員への説明と法人への参加の意向確認

ⅴ　法人設立の事前準備から定款の作成、設立総会、設立登記に至る手続の実行

いずれにしても、集落段階で構成員１人ひとりが法人化することについて納得するまで話し合いを行い、合意形成を図ることがポイントです。

具体的な手順を示すと、次ページのとおりです。

組織化から法人化までのフローチャート

組織化・法人化に向けた合意形成段階

集落のリーダー等の意志統一と方針策定

話し合いの体制づくり

▼

リーダーの選定

▼

リーダーのサポート体制づくり

▼

支援機関との連携体制づくり

集落ぐるみの話し合いと合意形成

現状認識と問題意識の共有

▼

組織化・法人化の意義の理解促進

▼

組織化・法人化の合意形成

▼

具体的な経営方針の作成

集落営農の組織化〔特定農業団体の成立〕

法人化計画書の作成

▼

特定農用地利用規程の作成と申請

▼

市町村による特定農用地利用規程の認定

▼

特定農用地利用規程の成立（農用地利用改善団体の成立）特定農業団体の成立

法人設立段階

個別課題の把握

▼

問題解決

▼

法人の構成員・代表者の決定

▼

法人設立準備開始
※以下のフローは株式会社・農事組合法人のモデル

▼

法人設立の事前相談
※農業委員会・農協等に相談

▼

・発起人会の開催
・類似商号の調査（株式会社の場合）

▼

定款の作成

▼

定款の認証（公証人役場）
※農事組合法人は不要
※農地法上の手続きを開始

▼

出資履行（金融機関）

▼

役員の選任

▼

設立時取締役等による設立手続きの調査
※農事組合法人は不要

▼

設立登記申請（登記所）

▼

登記完了（法人設立）
※農事組合法人は知事への届出も必要
※税務署等諸官庁への届出

特定農業法人成立

農用地利用改善団体による市町村への届出

特定農業団体が法人化した場合、簡素な手続き（届出）で特定農業法人になれます

Q 45　集落営農の組織化・法人化に向けた体制づくりと合意形成のポイントは何ですか？

A point

* 集落のリーダー等の意思統一と方針策定をまず行い、次に集落ぐるみの話し合いと合意形成を図ることが必要です

①集落のリーダー等の意思統一と方針策定のポイント

STEP 1

話し合いの体制づくり

①合意形成のリーダーの選出

特定農業団体の組合長・役員やその中心的担い手として期待される人など（数人）を中心にして、話し合いの中で適した人をリーダーに選出しましょう。
Uターン者など企業で活躍してきた人の登用も積極的に検討しましょう。

・リーダーの資質・

特定農業団体の構成員を引っ張れるリーダーシップ、合意形成力、実践的行動力、合意事項の実行管理能力などです。そして忘れてはならないのが、法人の経営者としての資質です。集落営農型の農業生産法人でも、経営の才覚がなく、赤字が続けば経営は存続できません。

②リーダーをサポートする体制づくり

地域の農業を動かしていくには、リーダー1人では十分ではありません。リーダーをサポートするサブリーダー的、役員的な存在として、集落営農の組織化とその法人化を検討するメンバーを決めましょう。
担い手として期待される人などを構成メンバーとすることも重要なことです。
集落内に市町村や農業委員会、JA等、農業関係機関・団体の職員・関係者がいれば、合意形成のサポート役として協力を得られるようにしましょう。

③支援機関との連携体制づくり

様々な情報を得たり、組織化・法人化の支援・協力を受けるため、市町村、地域農業改良普及センター、農業委員会、JAなどの関係機関・団体との連携体制をつくりましょう。

STEP 2

検 討 会 の 実 施

①これまでの取組の検証

まず、これまでの集落営農や集落での農業の取組をメンバーで検証してみましょう。

②集落の農業の点検と課題整理

集落の農家・農業・農地の現状を点検し、課題やこれまでの集落営農の取り組みの検証結果もあわせて整理しましょう。

③農家の意向把握

支援機関の協力を得て、農地の所有者に3年後、5年後、10年後の農地の管理、農業の展開方向や集落営農の法人化の意向をアンケート調査しましょう。また、同時に経営主以外の家族（特に後継者）の意向も十分把握することが重要です。

④集落農業のビジョンづくり

5年後、10年後の地域・集落の農業をどう維持・発展させるのか、農地を利用集積する方向として、認定農業者等の担い手に集約するのか、全戸が共同で担うのか、将来のビジョンを検討しましょう。

⑤リーダー・役員の意思統一

支援機関の協力を受け、地域の現状や農家の意向を踏まえ、組織化・法人化の必要性、メリット・デメリットなどへの理解を進め、意思統一、合意を図りましょう。

⑥集落全体の話し合いに向けた法人化の方針検討・取りまとめ

- 今後のビジョンの明確化
- 組織化・法人化する目的の明確化
- 当面の経営計画づくり
- 集落全体での話し合いの内容・方針決定
- 集落内農家等に対する事前調整

②集落ぐるみの話し合いと合意形成のポイント

STEP 1

現状認識と組織化・法人化の意義の理解促進

①話し合いのポイント

　リーダー等による集落営農の組織化・法人化に向けた意志統一が図られたら、集落ぐるみでの話し合いを行いましょう。

　「労働力の高齢化や担い手不足」、「農地の荒廃」「農機具の過剰投資の実態」などの集落農業の現状を検討し、問題点についての理解を深めましょう。

　「将来の農地管理のあり方」、「転作や米価の動向」、「収益性」、「現状のままだと5年後、10年後にはどうなるのか」、「法人化した場合のメリット」等について、支援機関も交えて、話し合いを重ね、組織化・法人化の必要性について理解を求めましょう。

　また、個々の経営内でも意見が食い違う場合もあるので、夫婦そろって、また若い世代もできるだけ話し合いに参加してもらいましょう。

②話し合いの具体的な項目

- 集落の現状や問題点の理解促進
- 将来の農地管理のあり方
- 集落営農の組織化・法人化のメリット・デメリット
- 農作業の担い手
- 収益の配分方法

③先進地の視察

　先進地の視察も組織化・法人化の理解にとって重要な取組です。しかし、視察に十分な時間がとれなかったり、参加してもらいたい人が参加できない場合もあります。事前に講師を呼んで説明を受けて、問題点を整理し、目的意識を持って視察に望みましょう。

STEP 2

経営方針の検討と作成

　生産、労務、オペレーター等の雇用、機械・施設等への投資、資金、農地の集積、機械利用などの計画をまとめましょう。

●経営方針づくり当たっての検討項目●

①目的

- 企業的な経営を目指す
- 地域の農業・社会の維持・発展や地域の農業者の生きがいを重視する

②経営方針

- 経営管理、農作業、営業等の組織の部門構成と人員配置
- 作物の選定、栽培方法から販売ルートと方法

③経営の安定化のための取り組み

①水稲中心の経営を行う場合
- 規模拡大を進める
- 付加価値の高い米づくりをする
- 高品質化、契約栽培、有機栽培などへの取組による転作の高収益化を図る

②経営を複合化する場合
- 施設園芸、野菜作など他部門を導入する
- 高品質化、契約栽培、有機栽培などへの取組による転作の高収益化を図る

③経営を多角化する場合
- 農産加工・販売に取り組む
- 観光農園・体験農園などによる消費者との交流事業に取り組む

④農地利用集積の方向

- 集落の農家全体で、農地の効率的利用を行うのか
- 集落営農の担い手となる認定農業者等に集積するのか
- 農地中間管理事業（次ページ参照）を活用するのか

Q 46　第2種兼業農家中心の集落営農を法人化する場合、農地所有適格法人要件を満たす法人にしたい場合の法人の役員要件をどうクリアすればいいですか？

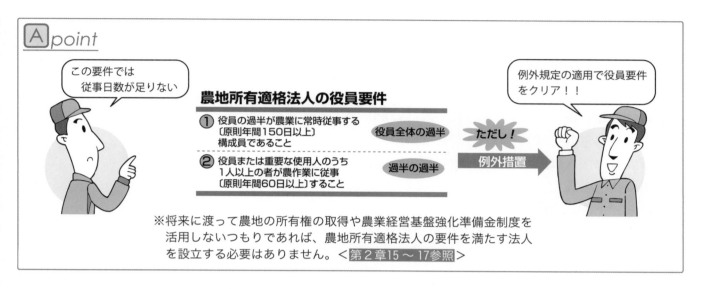

①平成21年12月の農地法等の改正により、農業生産法人（現在の農地所有適格法人）要件を持たない法人でも「解除条件付き貸借」により農地が借りられるようになりました。

②集落営農を法人化する場合、農地所有適格法人の要件を満たす法人にしたい場合は、農地法に規定された農地所有適格法人の4つの要件をクリアしなければなりません。特に、集落営農の場合、第2種兼業農家を中心に取り組んでいるところが多く、農地所有適格法人の要件のうちの役員要件をどうクリアするかについて問題が生じがちです。

③この農業法人の要件の一つである役員要件は、農業（関連事業を含む）の常時従事者（原則として150日以上従事：農業常時従事要件）たる構成員が、役員の過半を占めることが必要です。（農地法第2条第3項3号）

　さらに役員または農業に関する権限及び責任を有する使用人のうちの1人以上の者が、農作業に原則として60日以上従事すれば、要件（農作業従事要件）を満たします。（農地法施行規則第8条）

　例えば、集落内の農家40戸のほとんどが第2種兼業農家で構成されている集落営農を法

人化し役員を8人置くと仮定した場合、

❶農業に常時従事（原則として150日以上）する構成員は5人以上が必要です。

❷役員又は農業に関する権限及び責任を有する使用人のうち1人以上は農作業に従事（原則として60日以上）しなければならないということになります。

④農業常時従事要件（150日）と農作業従事要件（60日）は、それぞれ次の特例があります。

　農業常時従事要件は、年間農業従事日数が150日に満たない者でも、次のいずれかに該当すれば常時従事者と認められます。

❶60日以上従事し、かつ次の農業常時従事日数判定算式の⑦により算定した日数以上従事する場合

❷60日未満の場合でも、法人に農地の権利を提供した者については、農業常時従事日数判定算式の⑦及び⑦で算定した日数のうちの大である日数以上従事する場合

　また、農作業従事要件については、60日未満の場合でも、上記の❶又は❷により農業常時従事すると認められた日数の過半農作業に従事する場合、要件を満たすことになります。

【農業常時従事日数判定算式】

ア $$\dfrac{法人の年間総労働日数}{構成員数} \times \dfrac{2}{3}$$

イ $$法人の年間総労働日数 \times \dfrac{構成員の農地等提供面積}{法人の事業に供する農地等面積}$$

⑤このように、例外的な緩和措置が設けられて
おり、集落営農を法人化する場合、ほとんど
の構成員は法人に農地を提供(所有権の移転、
使用収益権の設定）するものと考えられるこ
とから、上記③の❶の規定を適用することに
より、第2種兼業農家であっても役員要件を
クリアすることは可能と考えられます。

Q 47　任意の集落営農組織が補助事業等で導入した機械・施設等、固定資産の法人への引き継ぎはどうなりますか？

A point

* 補助金で導入した財産は、承認を得れば、法人に引き継ぐことができます
* 動産は時価、不動産は帳簿価額により有償で法人に譲渡するのが現実的です

　任意組織が補助事業等により取得した機械・施設等の財産を、設立後の農業法人が引き継ぐ方法としては、無償又は有償により譲渡する方法のほか、長期間（1年以上）の貸し付けによる方法があり、補助事業者の承認を得ればこれらの財産処分が可能となります。

　以前は、補助金返還なしに法人に引き継ぐには無償譲渡するしかありませんでしたが、「補助事業等により取得し、又は効用の増加した財産の処分等の承認基準について」（平成20年5月23日付け20経第385号農水省大臣官房経理課長通知）の改正によって「集落を基礎とした営農組織が、当該組織の法人化に伴い法人化後の組織へ譲渡する場合」には、有償で譲渡しても国庫補助金相当額を返還する必要がなくなり、さらに2018年1月18日付の改正により、補助対象財産の所有者の法人化に伴い、当該補助対象財産を設立された法人へ譲渡・長期間貸し付けし、経営に同一性・継続性が認められる場合には、有償で譲渡したり貸し付けたりしても国庫補助金相当額を返還する必要がなくなりました。

　したがって、法人に資産を引き継ぐ場合において補助金の返還を回避し、課税を最低限にするには、①時価で譲渡する方法、②圧縮記帳後の帳簿価額で譲渡する方法に加えて、③減価償却費等費用相当額で貸し付ける方法も選択できるようになりました。

　①の任意組合が時価（不動産の場合は圧縮記帳前の取得価額で計算した理論上の残存簿価）で譲渡する場合、法人の側では受贈益が発生しませんが、任意組合の側（構成員）に譲渡価格と帳簿価格との差額が譲渡所得として課税されることになります。ただし、農機具などの動産の場合は、総合課税による譲渡所得となるため、年50万円の特別控除が適用されます。このため、譲渡益が1人当たり年50万円以内であれば、実質的には課税されません。農機具等については、価格を査定してもらうなどして、時価で譲渡するのが一般的には有利になります。

　②の任意組合が圧縮記帳後の帳簿価額で譲渡する場合、帳簿価額と時価が異なるため、資産を譲り受けた法人において税務上、受贈益が発生します。この受贈益については、国庫補助金に由来するものですが、国庫補助金として圧縮記帳することは認められていないことから、資産を譲り受けた事業年度において課税されます。受贈益課税による納税負担を回避するには、農業経営基盤強化準備金の損金算入などによって、受贈益を相殺する工夫が必要になります。建物・構築物などの不動産については、分離課税による土地建物等の譲渡所得として課税され、原則として特別控除は適用されません。このため、譲渡益がある場合には課税されることになるため、帳簿価額で譲渡するのが一般的です。ただし、任意組合において時価の2分の1未満の金額による譲渡（低額譲渡）とされる場合には、任意組合の構成員に時価相当額で譲渡があったものとして課税されます（みなし譲渡所得課税）。このため、時価の2分の1の価格を設定することも考えられます。この場合、建物・構築物については、流通価格が存在しないため、圧縮記帳前の取得価額に基づく理論上の残存簿価を用いることになります。

　③の減価償却費等費用相当額で貸し付ける場合、集落営農組織を法人化しても前身の任意組織を解散することができません。このため、任意組合が圧縮記帳後の帳簿価額で譲渡するとみ

なし譲渡所得課税となるケースなどに限ってこの方法を採ることが考えられます。

　なお、任意組織には、任意組合（民法上の組合）と人格のない社団とがありますが、任意組織が任意組合に該当する場合の補助対象財産の法人への引継ぎについて、次のページの表で説明します。

＊農林水産業施設として譲渡した場合：当初の補助目的に従った利用がなされないとしても、他の農林水産業施設として利用する場合（例：選果施設を直売施設や新規就農者研修施設として利用する場合）は、農林水産業の振興による地域経済の活性化等に資すると見なされることから、補助条件を継承する場合と同様に取り扱う。この場合の農林水産業施設は、各種補助事業のうち、現在実施されている補助事業により整備し得る各種施設に限る。

補助対象財産の法人への承継による補助金及び課税の取扱い（非同族会社の場合）				
			補助金の返還	任意組合（構成員課税）	法人

			補助金の返還	任意組合（構成員課税）	法人
譲渡	有償	時価	譲渡益の補助金相当額は要返還 ただし、補助対象財産の所有者の法人化に伴い、当該補助対象財産を設立された法人へ譲渡し、経営に同一性・継続性が認められる場合は返還不要（補助条件承継が条件）	所得税：時価（注1）と簿価との差額の譲渡益を任意組合の構成員に按分（注2）して譲渡所得課税（1人当たり年50万円の特別控除の適用あり） 消費税：譲渡価格を課税売上げとして任意組合の構成員に按分（注2）して構成員個人の課税売上高に加算	法人税：とくに課税なし、譲渡価格を取得価額に中古資産として減価償却 消費税：譲渡価格が仕入税額控除の対象
		簿価		所得税：時価の2分の1未満の金額（注3）で譲渡した場合は時価相当額での譲渡とみなし、任意組合の構成員に按分（注2）して譲渡所得課税（所得税法59①二） 消費税：譲渡価格（時価相当額でない）を課税売上げとして任意組合の構成員に按分して構成員個人の課税売上高に加算	法人税：低額譲受として時価との差額の受贈益に課税、時価相当額を取得価額に中古資産として減価償却 消費税：譲渡価格（時価相当額でない）が課税仕入れ
	無償		返還なし （補助条件承継が条件）	所得税：法人に対する贈与として時価相当額で譲渡とみなし、任意組合の構成員に按分（注2）して譲渡所得課税（所得税法59①一） 消費税：課税売上げなし	法人税：「無償による資産の譲受け」（法人税法22②）として時価相当額の受贈益に課税、時価相当額を取得価額に中古資産として減価償却 消費税：課税仕入れなし（仕入税額控除不可）
貸付	有償（長期間(1年以上)の貸付）		要返還（賃貸借契約による貸付料収入につき国庫補助金相当額の返還）補助対象財産の所有者の法人化に伴い、当該補助対象財産を設立された法人へ長期間貸付けし、経営に同一性・継続性が認められる場合は返還不要（補助条件に従った使用が条件）	所得税：動産の賃貸料は任意組合の構成員に按分（注2）して雑所得課税（赤字の損益通算不可）、不動産の賃貸料は任意組合の構成員に按分（注2）して不動産所得課税（17年度税制改正で18年分より任意組合分の赤字の損益通算不可） 消費税：賃貸料を課税売上げとして任意組合の構成員に按分（注2）して構成員個人の課税売上高に加算	法人税：賃借料の損金算入可 消費税：賃借料が課税仕入れ
	無償		要返還 （遊休期間内の一時貸付けを除く）	所得税：固定資産税等必要経費算入不可（無償貸付の場合、事業とならない） 消費税：課税売上げなし	法人税：損金算入可能な賃借料なし（ただし、別途課税はなし） 消費税：課税仕入れなし（仕入税額控除不可）

（注1）不動産の場合、圧縮記帳前の取得価額を基礎として（構築物は定率法により）計算し直した未償却残高が時価相当額となる。

（注2）按分は損益分配割合（組合契約で定めがない場合は持分（出資）割合）による。

（注3）時価の2分の1以上の金額による譲渡の場合でも、行為計算の否認規定により、時価相当額で譲渡があったものとみなされる場合がある。

「補助事業等により取得し、又は効用の増加した財産の処分等の承認基準について」
（平成20年5月23日付け20経第385号農水省大臣官房経理課長通知の別表1（第3条及び第10条関係））

処分区分		承認条件	国庫納付額	備　考
目的外使用	補助目的に従った補助対象財産の使用を継続する場合	国庫納付（ただし、備考の場合は国庫納付は不要とし、当該補助対象財産の利用状況を報告すること（注1））	目的外使用部分に対する残存簿価又は時価評価額のいずれか高い金額に国庫補助率を乗じた金額を国庫納付する。（注4）なお、許認可等を受け、補助対象財産の未活用部分の目的外使用により生じる収益（収入から管理費その他に要する費用を差し引いた額）に国庫補助率を乗じた金額を国庫納付する。	本来の補助目的の遂行に支障を及ぼさない範囲内で、補助対象財産の遊休期間（農閑期等当該補助対象財産を使用しない期間をいう。以下同じ。）内に一時使用する場合、承認までに他の法令に基づく許認可等を受けることが明らかであり、補助対象財産が有する本来の能力の未活用部分について、収益を得ることなく使用する場合（注3）又は自己の責任において当該補助対象財産と同等の機能を有する他の財産を新たに確保し、補助条件を承継する場合は、国庫納付を要しない
	補助目的に従った補助対象財産の使用を中止する場合 — 道路拡張等により取り壊す場合	国庫納付	財産処分により生じる収益（損失補償金を含む。）に国庫補助率を乗じた金額を国庫納付する。	自己の責に帰さない事情等やむを得ないものに限る。
	上記以外の場合	国庫納付	残存簿価又は時価評価額のいずれか高い金額に国庫補助率を乗じた金額を国庫納付する。（注4）	
譲渡	有　償	国庫納付（ただし、備考の場合は国庫納付は不要とし、当該補助対象財産の利用状況を報告すること（注2））	譲渡契約額、残存簿価又は時価評価額のうち最も高い金額に国庫補助率を乗じた金額を国庫納付する。（注4）	以下のいずれかに該当し、補助対象財産の処分制限期間の残期間内、補助条件を承継する場合は、国庫納付を要しない。 ア　補助対象財産の所有者の法人化に伴い、当該補助対象財産を設立された法人へ譲渡し、経営に同一性・継続性が認められる場合 イ　補助対象財産を所有する法人が、事業の効率化等による収益力の向上を図るため、当該補助対象財産を当該法人が議決権の過半数を有する別法人に譲渡する場合
	無　償	国庫納付（ただし、備考の場合は国庫納付は不要とし、当該補助対象財産の利用状況を報告すること（注2））	残存簿価又は時価評価額のいずれか高い金額に国庫補助率を乗じた金額を国庫納付する。（注4）	補助対象財産の処分制限期間の残期間内、補助条件を承継する場合は、国庫納付を要しない。
交　換	下取交換の場合	補助対象財産の処分益を新規購入費に充当し、かつ、旧財産の処分制限期間の残期間内、新財産が補助条件を承継すること		
	下取交換以外の場合	交換差益額を国庫納付、かつ、旧財産の処分制限期間の残期間内、新財産が補助条件を承継すること	交換差益額に国庫補助率を乗じた金額を国庫納付する。	原則、交換により差損が生じない場合に限る。
貸付け	有　償（遊休期間内の一時貸付け）	収益について国庫納付、かつ、本来の補助目的の遂行に影響を及ぼさないこと	貸付けにより生じる収益（貸付けによる収入から管理費その他の貸付けに要する費用を差し引いた額）に国庫補助率を乗じた金額を国庫納付する。	
	無　償（遊休期間内の一時貸付け）	本来の補助目的の遂行に影響を及ぼさないこと		
	長期間（1年以上）の貸付け	国庫納付（ただし、備考の場合は国庫納付は不要とし、当該補助対象財産の利用状況を報告すること（注2））	残存簿価又は時価評価額のいずれか高い金額に国庫補助率を乗じた金額を国庫納付する。（注4）なお、漁港漁場整備法（昭和25年法律第137号）第37条の2の規定により認定を受けた場合は、貸付けにより生じる収益（貸付けによる収入から管理費その他の貸付けに要する費用を差し引いた額）に国庫補助率を乗じた金額を国庫納付する。	以下のいずれかに該当し、補助対象財産の処分制限期間の残期間内、補助条件を承継する場合は、国庫納付を要しない。 ア　補助対象財産の所有者の法人化に伴い、当該補助対象財産を設立された法人へ長期間貸付けし、経営に同一性・継続性が認められる場合 イ　補助対象財産を所有する法人が、事業の効率化等による収益力の向上を図るため、当該補助対象財産を当該法人が議決権の過半数を有する別法人に長期間貸付けする場合
担　保	補助残融資又は補助目的の遂行上必要な融資を受ける場合	担保権が実行される場合は国庫納付、かつ、本来の補助目的の遂行に影響を及ぼさないこと	残存簿価又は時価評価額のいずれか高い金額に国庫補助率を乗じた金額を国庫納付する。（注4）	（注5）

（注1）財産処分の承認時に定められた報告期間（又は処分制限期間の残期間内のいずれか短い期間）につき当該補助対象財産の利用状況を報告すること。

（注2）譲渡相手方又は貸付けた者が、財産処分の承認時に定められた報告期間（処分制限期間の残期間内）につき当該補助対象財産の利用状況を報告すること。

（注3）他の法令に基づく許認可等(*)を受けた場合には、当該許認可等を証する書類の写しを承認前に提出すること。
　　　(*) 許認可等とは、行政手続法（平成5年法律第88号）第2条第3号に規定する許認可等をいう。

（注4）時価評価額の算出に係る不動産鑑定料が、近傍類似又は同種の財産の時価評価額を上回ることが明らかな場合においては、「残存簿価又は時価評価額のいずれか高い金額」を「残存簿価」に、「譲渡契約額、残存簿価又は時価評価額のうち最も高い金額」を「譲渡契約額又は残存簿価のいずれか高い金額」に読み替えることができる。

（注5）第10条により担保に係る承認を受けた担保権が実行された場合は、財産処分を行う間接補助事業者等に対し承認を行った補助事業者等又は間接補助事業者等は、国庫納付額の納付を求める上で必要な措置（法的措置を含む）をとるものとし、必要な措置をとったにもかかわらず国庫納付額の一部又は全部の納付を受ける可能性が無くなった場合は、それまでに納付を受けた補助金等の額の国庫補助金等相当額の国庫納付をもって、当該承認に当たって補助事業者等に対し付した条件の履行が完了したものとして取り扱うこととする。

（備考1）上記の返還金算定方式による国庫補助金相当額の返還の上限は、処分する補助対象財産に係る国庫補助金等の支出額とする。

（備考2）国庫補助率については、確定補助率と国庫補助率が異なる場合は確定補助率の数値を用いること。

（備考3）農林水産大臣は、上記の処分区分又は承認条件により難い事情があると認める場合には、他の条件を付すことができる。

（備考4）第10条により本表を適用する場合は、「補助目的」を「間接補助目的」に、「補助対象財産」を「間接補助対象財産」に、「補助条件」を「間接補助条件」に、それぞれ読み替えるものとする。

Q 48　集落営農を法人化する場合、どんなことに留意したらいいのですか？

A point

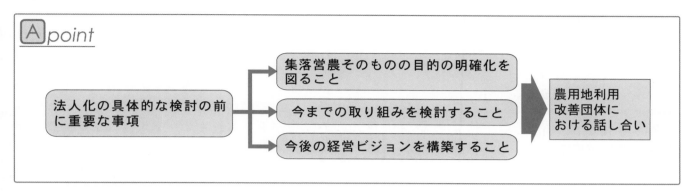

集落営農は、取り組みの内容（協業経営、農地の利用調整や機械の共同利用など）やこれまでの経緯、一集落で行うものから複数集落による大規模なものまで、その形態や内容は様々です。ですから、一律的に集落営農の法人化の道すじを示すことはできません。ただ、共通事項としていえることの一つは（集落営農の法人化に限ったことではありませんが）、法人はあくまでも手段であって目的ではないということです。そもそも、なぜ集落営農に取り組んでいるのか（あるいは取り組もうとしているのか）を改めて検証・確認することが必要になります。ですから、集落営農の法人化を考える前に、①今までの取り組みを検証する、②今後のビジョンを考える、という2つの作業が必要になります。そして、これら①、②のステップを経たうえで、選択枝の一つとしての法人化を検討するということになります。

特定農業団体や経営所得安定対策の対象となる集落営農の場合、その要件に「5年以内の法人化」が入っていますから、こうした組織を立ち上げる場合にもこうしたビジョンの構築が必要です。また、法人化に向けた準備も具体化することが必要です。

合意形成と意思決定

集落営農を法人化する場合、その形態や参加戸数が違ったとしても、集落を基盤にしているからには集落の合意に基づいて法人化をする必要があります。全戸あるいは集落のほとんどの

農家が法人の構成員となる場合だけでなく、一部の担い手集団が法人化する場合であっても、集落の合意に基づいて法人化がなされたのであれば集落営農の法人化ということになるでしょう。集落営農の法人化は、集落の合意に基づいてなされることにより、農地の利用集積や連担化・団地化、ブロックローテーションなどに効率的に取り組むことができます。

合意形成を行う場合として、農用地利用改善団体を積極的に活用することが重要です。

法人化のパターン

集落営農の法人化を考えた場合、大きくは次の2つのケースが考えられます。

① 特定のオペレーター集団が法人化するケース
② 農地の出し手・受け手の両方を含めた集落全体が法人化するケース

①の場合、オペレーターが法人の構成員（出資者）になりますが、集落の合意形成の場（農用地利用改善団体）として従来からある任意組織（営農組合や農家組合など）を存続させる事例が多いようです。

また、②の場合、出し手と受け手両方が法人の構成員となり、法人の総会などが合意形成の場となりますが、出し手にも法人の経営（特に地代水準と法人の経営の関係）に関心をもってもらうことが重要です。

さらに、①②に共通していえることですが、法人に利用権を設定した場合であっても、出し

手が畦畔や水路の管理などを行うことで、引き続き出し手も地域農業にたずさわり、法人の営農や経営にも関心を持ってもらうことができます。

大規模農家層との調整

集落営農が法人化（特に特定農業法人化 第6章49・53参照 ）した場合、地域の大規模農家など他の担い手との間で農地の利用調整などが課題になります。大規模農家なども法人の構成員・担い手として集落営農に参加するのが理想でしょう。そうでない場合であっても、集落内の農地をエリア分けして、法人化した集落営農と大規模農家のすみ分け・共存をはかったり、集落・地域内については法人化した集落営農に農地利用を集積し、当該集落構成員の集落外・地区外の出作部分については大規模農家などに作業委託したりするなど、互いの同意の上でルール作りをしていくことが重要です。

マーケティング思考への転換

集落営農は従来、生産コストの低減が主な目的の1つでしたが、米政策における「売れる米づくり」もふまえ、集落営農にもマーケティング（「売れるものをどうつくるのか？」）といった発想が求められます。実際に、集落営農の法人化を機に、集落でとれた良食味米をJAのライスセンターのサイロ1本に分別保管して有利販売につなげている事例や、集落営農による農地の面的なまとまりを活かして、環境保全型農業に取り組んでいる事例などがあります。

任意組織から法人への資産の引継ぎについて

法人化にあたっての任意組織から設立法人への資産の引継ぎにあたっての留意点については、 第3章23・24 第5章47 を参照して下さい。

49　法人化に当たって、どのようなことについて検討すればいいのですか？

point

| 個別課題の把握と課題解決に向けた対応 | ▶ | 支援機関や専門家からサポートが受けられる体制整備が重要 |

　法人化に当たっては、個別課題の把握と課題解決が必要になります。

　法人化に当たっては決めなければならない具体的項目があります。その決定に当たって個別課題が生じる場合がありますが、多くは技術的な問題です。支援機関や専門家からノウハウの提供を受ければ、大部分は比較的容易に解決できます。

　検討が必要と考えられる主な事項は次の10項目です。
　①　代表者の選定
　②　業務分担のルールの検討
　③　利益配分のルールの検討
　④　出資のルールの検討
　⑤　中心的な農業従事者の確保
　⑥　農地所有適格法人の要件の検討
　⑦　農地集積の手法の検討
　⑧　農業機械・施設等の資産の整備と処分
　⑨　大規模農業者層との調整
　⑩　支援体制の確保
　この10項目の具体的な内容をまとめると次のようになります。

①　代表者の選定
　代表者には、法人の構成員を引っ張るリーダーシップ、合意形成力、実践的行動力、法人の経営者としての資質等が求められます。こうした資質をもった人を代表者に選びましょう。
＜第3章22参照＞
②　業務分担のルールの検討
　法人化の正否にかかわる課題です。各分野で高い技能を持つ人、リーダーシップのある人、セールスの得意な人等、集落には多様な人材がいます。構成員の特徴をとらえて業務分担を決めましょう。農業で生計が立てられるよう、基幹作業を担い手に集中する一方、畦畔管理などの作業を生きがい労働として、地権者にも担ってもらうことも大切です。また、作業班だけでなく、営業班も置き、マーケティングを強化し、収益性を重視すべきです。

③　利益配分のルールの検討
　出役、地代、出資額の3つの基準があります。重点の置き方によりますが、地代による利益の分配は、コスト高になりがちで、経営上の問題が起こりやすいので注意が必要でしょう。また、利益配分は、出役（労賃）や出資額を基本とし、地代の上乗せは行わないほうがいいでしょう。

④　出資のルールの検討
　利益配分のしやすさから農地提供面積に比例した面積割、これに均等割を加味する方法が多いようですが、面積比例とせず、構成員の均等割に加え、経営責任者となる層はリスクを取る姿勢を明確にするため、応分の上乗せも必要と考えられます。必要に応じてJA等に出資を求めることも考えられます。

⑤　中心的な農業従事者の確保
　基本的には、代表者や役員となる人が中心となるのが一般的と考えられます。⑨で触れていますが、地域内で規模の大きい農業者がいる場

合、その農業者が集落営農型の農地所有適格法人の担い手として中核的な存在とするなどの対応が必要でしょう。

⑥　農地所有適格法人の要件の検討

農地所有適格法人の要件を満たすための検討が必要です。

＜ 第2章12・16・17参照 ＞

農業者年金、納税猶予制度との関係についても場合により検討が必要です。

＜農業者年金 第3章25・26参照 ＞

＜納税猶予制度 第3章27参照 ＞

⑦　農地集積の手法の検討

機械や施設の共同利用によるコスト削減、農地の利用集積（作業受委託・使用貸借等）による個々に対するメリット、農業経営基盤強化準備金等の制度的なメリット等について徹底して話し合い、その過程で関係する農業者の十分な理解を得ることが大切です。

⑧　農業機械・施設等の資産の整備と処分

新設する法人への農業機械・施設等の資産の整備や既存の資産の引継ぎについて検討が必要です。

＜ 第3章23・24参照 　 第5章47参照 ＞

⑨　大規模農業者層との調整

地域に大規模農業者等がいる場合、その経営に対する十分な配慮が必要です。基本的には、法人の構成員として基幹的従事者として位置付けたり、作業を再委託するなどの対応が考えられます。そうでない場合も、農地の利用集積の際に代替地を斡旋するなど、相互に不利益とならないよう協力関係を構築しましょう。

＜ 第5章48参照 ＞

⑩　支援体制の確保

集落の合意形成から法人の設立事務、税務等の課題をクリアするため、ノウハウの提供や技術的サポートが必要な場合がかなりあります。課題に応じ、市町村、農業委員会、JA、地域農業改良普及センター、都道府県農業委員会ネットワーク機構（農業会議）、JA中央会、経営コンサルタントからサポートが受けられるよう、地元の関係機関・団体に事前に相談し、話し合いにもできるだけ参加を求めましょう。また、農業経営相談所（令和4年度から農業経営・就農支援センター）、農業会議、JA中央会が法人化の相談活動を行っています。

第6章

その他農業法人関連事項

Ｑ 50　認定農業者制度とはどのようなもので、メリットはあるのでしょうか。

Ａ point

* 認定農業者は、５年後の目標を定めた「農業経営改善計画」を、市町村等の行政が認定した農業者です。
* スーパーＬ資金等の低利融資や経営所得安定対策などのメリット措置を受ける要件となっています。

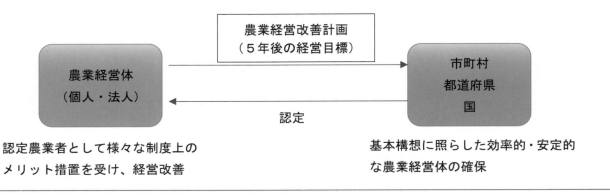

農業経営改善計画
（５年後の経営目標）

農業経営体
（個人・法人）

市町村
都道府県
国

認定

認定農業者として様々な制度上の
メリット措置を受け、経営改善

基本構想に照らした効率的・安定的
な農業経営体の確保

認定農業者とは

農業経営基盤強化促進法に基づき、市町村が地域の実情に応じて効率的・安定的な農業経営の目標等を示した「基本構想」を作成します。認定農業者は、基本構想に示された農業経営の目標を目指して、５年後の経営目標とその達成のための取組内容を記載した「農業経営改善計画」を作成し、市町村等から認定された経営体です。性別、年齢、専業・兼業の別、経営規模・所得、営農類型、個人・法人の別は問わず、認定を受けることができます。

地域の中心的な担い手として様々な制度上の支援措置があり、2023年４月施行の改正基盤法による地域計画（地域の農地利用の将来像）の策定においても、主要な担い手として期待されています。

認定農業者になるための手続きは

認定農業者になりたい農業経営体は、農業を営む市町村に農業経営改善計画を申請し認定を受けます。2020年４月からは、複数市町村で農業を営む場合、都道府県または国に対し一括で認定の手続きができるようになっています。

また、農林水産省共通申請サービス（eMAFF）により、電子申請も可能となっています。

家族経営協定を締結した夫婦や親子が共同で認定申請を行うこともできます。

農業経営改善計画とは

農業経営改善計画には、次のような事項を記載します。
・農業経営の現状
・農業経営の改善に関する目標
　（規模の拡大、生産方式の合理化、経営管理の合理化、農業従事の態様、その他の農業経営の改善）
・各目標を達成するためにとるべき措置
・その他事項

認定を受けるため、次のような要件が確認されます
　①計画が市町村基本構想に照らして適切なものであること
　②計画が農用地の効率的かつ総合的な利用を図るために適切なものであること

③計画の達成される見込が確実であること

メリット措置

認定農業者には以下のような様々な制度上の支援措置が用意されています。

①経営所得安定対策

支援措置	支援内容
畑作物の直接支払い交付金（ゲタ対策）	麦・大豆等のコスト割れの補填
米・畑作物の収入減少影響緩和交付金（ナラシ対策）	米・麦・大豆等の収入減少に対するセーフティネット

②融資

支援措置	支援内容
農業経営基盤強化資金（スーパーL資金）農業近代化資金	農業用機械・施設の整備等に必要な資金を借りたい場合の低利融資
資本性劣後ローンの融資　※	借入金であっても資本とみなすことができ、財務基盤の強化につながるローン

③税制

支援措置	支援内容
農業経営基盤強化準備金制度	経営所得安定対策等の交付金を準備金として積み立てた場合、積立額を必要経費・損金算入でき、それを活用して農地等を取得した場合に圧縮記帳が可能となる制度（青色申告が要件）

④その他

支援措置	支援内容
農業者年金の保険料補助	一定の要件を満たす場合、月額保険料2万円のうち1万円から4千円の国庫補助を受けられる
加工・販売施設等に係る農地転用許可手続きのワンストップ化　※	農業経営改善計画に加工・販売施設等の整備について記載し、認定を受けた場合、農地転用の許可があったものとみなす

※ 改正農業経営基盤強化促進法の施行（2023年4月1日）以降の新たな措置

認定農業者の組織化

各地域単位で認定農業者の組織化がなされ、認定農業者相互の連携と情報交換などを通じて、地域のリーダーとして効率的かつ安定的な経営の確立を目指すための活動が行われています。

農業委員会ネットワーク機構では、「認定農業者等の組織化や運営支援」に取り組んでおり、県段階や全国段階で組織活動を進めています。

制度上のメリットのみならず、相互研さんや関係機関への意見提出など、営農をより発展させることに繋がります。農業経営改善計画の5年後目標を適切に達成していくためにも、認定農業者になったら積極的に参画することをお勧めします。

Ｑ 51　土地利用型の農業経営の法人化は、地域においてどんな効果があるのですか？

Ａ point

＊　耕作放棄の防止、転作の推進、地域農業の維持システムの構築、担い手の育成などが期待できます
＊　特定農業法人は、農地の利用・管理、地域コミュニティの活性化につながります

　土地利用型の農業経営の法人化を推進することで、地域においては次のような効果が期待できます。

地域における効果

①地域の効率的かつ安定的な農業経営体として農作業等の受け手（受託組織）となることが期待されています。これにより、耕作放棄の防止、転作の推進等が期待できます。
②生産組織等により集落営農を行っている場合に、これを法人化することで、特定のリーダーの指導力のみに頼るのではなく、将来的に安定した地域農業の維持システムを構築できます。
③農業法人に就職して給与所得を得ながら経営や技術を習得できるので、新規就農の受け皿となりやすく、地域農業の将来の担い手の育成に役立ちます。

④農業法人が、加工・販売・交流等へ事業を多角化することにより、地域住民の雇用創出や、特産品の開発、他地域との交流、地域経済の発展が期待できます。
⑤農業法人が地域の農地・農業を守っていくことによって、自然環境を保護し、災害から地域を守り、持続的に農業を営むことが可能になります。

担い手不足が見込まれる地域

　担い手不足が見込まれる地域内において、将来、当該地域の農地の相当部分について、農業上の利用を担う法人として、地域合意の下に明確化（特定農用地利用規程に位置付け）された「特定農業法人」は、地域内の農地の利用・管理、後継者や新規参入者の受け皿となるなど地域コミュニティの活性化につながります。

特定農業法人による地域コミュニティの活性化

地域コミュニティ（＝集落）の現状と想い
●兼業化・高齢化のため、作業を委託したいという農家が増えている。
●集落営農の今後を考えると、生産組合を法人化して専従者を確保することが必要だ。
　高齢化を考えると作業委託だけでなく、農地の権利取得ができ、経営の継続性のある法人経営体を育成する必要がある。
●担い手が減少するなど、今後どうやって地域全体の農地、農業を守っていくのか不安だ。

↓

地域コミュニティ（集落等）で、将来の担い手や農地利用のあり方について話し合い、合意形成を図る。

↓

特定農業法人の指定

↓

集落の農業・農地を担う特定農業法人の育成

↓

地域にとってのメリット
●高齢化等で管理できなくなった農地を、安心して引き受けてもらえる。
●法人が後継者や新規参入者の就農の受け皿となり、担い手の確保につながる。
●集団転作に取り組みやすくなる。
●荒らし作りや耕作放棄地の発生を防止する。
●集落の維持、地域社会の活性化が期待できる。

Q 52 「地域計画」や農地中間管理事業を農業法人としてどのように活用していけばいいのでしょうか？

A point

* 「地域計画」では、地域の話し合いにより将来の農地利用の姿（目標地図）と農地ごとの担い手を明らかにするため、「地域計画」に位置付けられることが必要となります

「地域計画」に法人を位置付け、農地の集約化を進めましょう

農業経営基盤強化促進法等の改正に伴い、令和5年度から「人・農地プラン」が「地域計画」と名称を変えて同法に位置付けられ、全国の市町村で「地域計画」の策定が始まります。

地域の農業者と関係機関が話し合う「協議の場」では、地域農業の現状や将来の見込みを踏まえ、農地をどう利用していくべきか話し合われます。話し合いを通じて、農業法人を「地域内の農業を担う者」（目標地図に位置付ける者）として「地域計画」に位置付けられることができれば、地域の合意のもとで、関係機関・団体の支援を受けながら農地の集約化を円滑に進めることができます。

このため、協議の場（地域の話し合い）には積極的に参加し、地域農業の将来を見据えた法人経営の姿勢や考え方を丁寧に示すことで、農業者と関係機関の理解を得るようにしましょう。

家族経営の場合は、法人化によって雇用環境を整え、雇用の拡大により家族労働力の限界を超えて規模拡大を図ることができます。法人化することで信用力が向上し、金融機関から融資を受けて大型機械などへの設備投資を行うことができれば作業の効率化が進み、経営規模を拡大することも可能になってくるでしょう。農地の集約化を実現するには、遠方の農地については農地の出し手となって、農地利用の効率化を図ることも重要です。

農地中間管理機構（農地バンク）を積極的に活用しましょう

「地域計画」は令和5年度、6年度の2年間で策定し、策定後も随時（少なくとも年1回以上）見直しすることとなっています。

「地域計画」策定後は、従来の農業経営基盤強化促進法に基づく「農用地利用集積計画（利用権設定等促進事業）」は、農地中間管理事業の推進に関する法律に基づく「農用地利用集積等促進計画」に統合されます。

農業委員会や市町村、農地バンクなど関係機関は、「地域計画」の達成に向け、区域内の農用地の所有者等に農地中間管理機構（農地バンク）の活用を積極的に促すことになりました。農地バンクを通じた農地の借り入れを進める環境が整備されるため、意欲ある農業法人にとって経営規模の拡大や農地の集約化を図りやすくなります。

農地の借り入れを農地バンクを通じた賃貸借に切り替えると賃借料の支払先を一元化できる上、地域計画の区域内では農家負担ゼロの基盤整備事業（農地中間管理機構関連基盤整備事業）が設けられるなどメリットも増えることから、農地バンクを積極的に活用して農地の集約化と経営規模の拡大を進めましょう。

Ｑ 53　特定農業法人には、どのようにしたらなれるのですか？

Ａ point

| 地域の農地権利者の合意を得て、法人をその地区の担い手として位置づけてもらうことが必要 | …… | 農用地利用改善団体に地域の過半の農地を引き受ける意向を示す | ▶ | 農用地利用改善団体の合意を取り付ける |

●特定農業法人は、

①担い手不足が見込まれる地域において、

②その地域の農地の過半を集積する相手方として、一定の地縁的まとまりを持つ地域の農地権利者の合意を得た法人であって、

③農地権利者から農地を引き受けるよう依頼があったときは、自己の経営判断とは別に、これに応じる義務を負う

という性格を有する農業経営を営む法人です。

●仮に、Ａという農業法人が特定農業法人になろうとする場合、現に農地を利用している、又は今後利用したいと考えている地域において、その地域の農地権利者の3分の2以上が構成員となっている団体が作成する農用地利用規定において、Ａ法人をその地区の担い手として位置づけてもらう必要があります。

　したがって、まずは、地域の農地権利者の集団である農用地利用改善団体*に対して、法人の方から申し入れを行い、地域の過半の農地を引き受ける意向を示すとともに、農用地利用改善団体の構成員の合意を取り付けることが必要です。

　その場合、農地の利用集積を円滑に図ることができると見込まれる範囲で、農用地利用改善団体を設立し、特定農業法人として位置づけられることも可能ですから、基本構想で定める基準に適合する範囲内で、既存の行政区域等の範囲にこだわることなく柔軟な区域取りを行うなどの対応も一つの方法だと考えられます。

　いずれにしても、地域の関係者の十分な話し合いのもとで、特定農業法人として位置づけら

れることが必要ですので、市町村や農協等の支援機関の協力を得ながら調整を進めることが肝要だと考えられます。

認 定 要 件

　特定農業法人になるためには、農用地利用改善団体*が「特定農用地利用規程」を作成し、市町村の認定を受ける必要があります。

　その認定に当たっての要件は次のとおりです。なお、①〜③は一般の農用地利用規程と共通の要件であり、④及び⑤が特定農用地利用規程について更に必要とされる要件です。

①　農用地利用規程の内容が、市町村が定める農業経営の基盤強化の促進に関する基本的な構想（基本構想）に適合するものであること。

②　農用地利用規程の内容が農用地の効率的かつ総合的な利用を図るために適切なものであること。

③　農用地利用規程が適正に定められており、かつ、農用地利用改善団体が農用地利用規程に定めるところに従い農用地利用改善事業を実施する見込みが確実であること。

④　特定農業法人に対する農用地の利用の集積の目標が農用地利用改善団体の区域内の農用地の相当部分（過半）について集積するものであること。

⑤　農用地利用改善団体の構成員から農用地の利用権の設定等の申し出があった場合に、特定農業法人が引き受けることが確実であると認められること。

＊「農用地利用改善団体」とは、集落などの地縁的なまとまりのある区域内の農用地について所有権などの権利を有する者で構成する団体のことで、作付地の集団化、農作業の効率化、農用地の利用関係の改善を促進する事業（農用地利用改善事業）を実施します。その農用地利用改善事業の準則となるのが農用地利用規程で、市町村の認定を受けることが必要です。

　また、担い手不足が見込まれる地域においては、将来、当該地域の農地の利用を引き受ける農業経営を営む法人を特定農業法人として、農用地利用規程に定めることができ、この特定農業法人が定められた農用地利用規程のことを「特定農用地利用規程」といいます。

　なお、青色申告をする認定農業者の農地所有適格法人は、引き続き農業経営基盤強化準備金を活用できます。

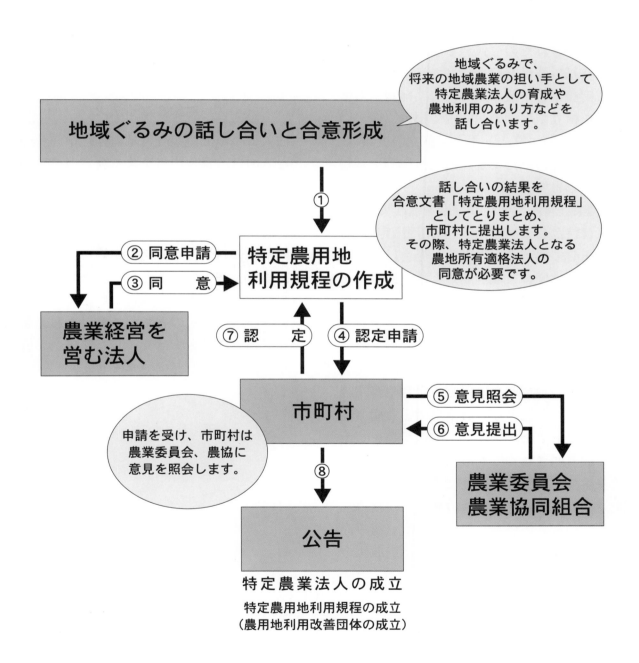

Q 54　農業経営基盤強化準備金とは、どのような制度ですか？

A point

* 経営所得安定対策などの交付金と同額を準備金に積み立てて損金算入できます
* 準備金や交付金は、農機具等の圧縮記帳に充てることができます

農業経営基盤強化準備金制度は、平成19年度税制改正によって認定農業者（個人および農地所有適格法人）を対象として創設されました。特定農業法人を対象とした農用地利用集積準備金制度が廃止されたのに代わるものです。

農業経営基盤強化準備金制度では、青色申告をする認定農業者が積み立てた農業経営基盤強化準備金を積立限度額の範囲内で損金（個人の場合は必要経費）に算入します。積立限度額は、交付を受けた経営所得安定対策交付金等を基礎として計算します。

また、農業経営基盤強化準備金を有する者が、農用地又は特定農業用機械等（農業用固定資産）の取得等をして農業の用に供した場合は、農業経営基盤強化準備金を取り崩したり、交付金を直接に充てたりして、その農業用固定資産について圧縮記帳をすることができます。

農業経営基盤強化準備金を取り崩した場合は益金に算入しますが、農業経営改善計画に記載された農業用固定資産を取得した場合や農業経営改善計画等に記載のない農業用固定資産（器具備品、ソフトウェアを除く）の取得等をした場合は、取り崩さなくても取得価額相当額の農業経営基盤強化準備金を益金に算入します。なお、農業経営基盤強化準備金の残額は、積み立てた翌年度から5年経過した事業年度（積み立てから7年目）に益金（個人の場合は総収入金額）に算入することになります。

また、農業経営基盤強化準備金を積み立てている法人が認定農業者や農地所有適格法人に該当しないこととなった場合には、該当しないこととなった日における農業経営基盤強化準備金の全額を益金の額に算入しなければなりません。

対象となる法人

法人について農業経営基盤強化準備金の対象となるのは、青色申告をする認定農業者の農地所有適格法人（認定農地所有適格法人）です。

対象となる交付金とその経理

準備金の対象となる交付金等を受領したときは、まず、法人の収益として経理します。これらの交付金等を損益計算書に計上する際の勘定科目及び区分は次のとおりです。なお、農業経営基盤強化準備金では受領した交付金を仮受金として経理することはできません。

表．農業経営基盤強化準備金の対象となる交付金等とその経理

名　　　称	交　付　条　件　等	勘定科目	区分
畑作物の直接支払交付金［ゲタ対策］	対象作物（注１）を生産した認定農業者・集落営農・認定新規就農者	価格補填収入	営業収益
水田活用の直接支払交付金	対象水田転作作物の生産	作付助成収入	営業外収益
収入減少影響緩和交付金（収入減少補填）［ナラシ対策］	積立金を拠出して対象作物（注２）を生産した認定農業者・集落営農・認定新規就農者	経営安定補填収入	特別利益

（注１）麦、大豆、てん菜、でん粉原料用ばれいしょ、そば、なたね
（注２）米、麦、大豆、てん菜、でん粉原料用ばれいしょ

積立限度額の計算

農業経営基盤強化準備金の積立限度額は、次のいずれか少ない金額となります。

① 対象交付金等の額のうち「農業経営基盤強化準備金に関する証明書」（別記様式第２号）で農地用等の取得に充てるための金額として証明された金額

② 積立年度の所得の金額（農業経営基盤強化準備金関連の損金算入の規定を適用しないで計算し、期限切れ取崩額を控除した所得の金額）

上記の②の金額を「所得基準額」といいますが、法人税申告書別表４の「総計」(45)から「５年を経過した場合の益金算入額」（期限切れ取崩額）と別表４の「寄附金の損金算入額」(27)を控除した金額となります。この所得基準額が、その事業年度に受領した対象交付金等の額を下回る場合には、所得基準額が積立限度額になります。上記の②の金額を「所得基準額」といいますが、法人税申告書別表４の「総計」(45)から「５年を経過した場合の益金算入額」（期限切れ取崩額）と別表４の「寄附金の損金算入額」(27)を控除した金額となります。この所得基準額が、その事業年度に受領した対象交付金等の額を下回る場合には、所得基準額が積立限度額になります。

たとえば、税引前当期純利益が400万円（税引後の当期純利益が393万円）で他に加算項目も減算項目もない場合、受領した交付金の額が500万円あったとしても、積立限度額は400万円になります。この場合において、農業経営基盤強化準備金の金額を積立限度額いっぱい積み立てたときには、法人税の課税所得金額はゼロになります。ただし、寄附金の損金不算入額がある場合には、その分だけ課税所得が生じることになります。

会　計　の　方　法

農業経営基盤強化準備金の設定には、法人の場合、損金経理引当金方式と剰余金処分積立金方式とが認められています。損金経理による場合、「農業経営基盤強化準備金繰入額」を相手勘定として、農業経営基盤強化準備金を貸借対照表の負債（引当金）の部に計上します。この場合、農業経営基盤強化準備金繰入額は損益計算書の特別損失として計上されるため、その分、当期純利益が減少することになります。

一方、剰余金処分による場合は、繰越利益剰余金を相手勘定として損益計算書を通さずに直接、貸借対照表の純資産の部に農業経営基盤強化準備金を計上するため、当期利益に影響を与えません。剰余金処分経理方式による場合、法人税申告書別表四において農業経営基盤強化準備金の額を当期利益から減算して課税所得を計算します。このため、どちらの経理方式による場合も結果的に課税所得の金額は同じになります。

仕　訳　例

経営所得安定対策等の積立限度額が400万円の場合の準備金の積立の仕訳は次のとおりです。

① 引当金経理方式（損金経理）

期末日：

借方科目	税	金額	貸方科目	税	金額
農業経営基盤強化準備金繰入額	不	4,000,000	農業経営基盤強化準備金	不	4,000,000

　この場合の「農業経営基盤強化準備金」は負債勘定（引当金）になります。

② 積立金経理方式（剰余金処分経理）

期末日または決算確定日（総会日）：

借方科目	税	金額	貸方科目	税	金額
繰越利益剰余金	不	4,000,000	農業経営基盤強化準備金	不	4,000,000

　この場合の「農業経営基盤強化準備金」は純資産勘定（任意積立金）になります。

法人税申告書の記載

　法人税の確定申告書には、次の証明書及び法人税申告書別表を添付します。

証明書：農業経営基盤強化準備金に関する証明書（地方農政局・県域拠点等へ申請）

申告書別表12（13）：農業経営基盤強化準備金の損金算入及び認定計画等に定めるところに従い取得した農用地等の圧縮額の損金算入に関する明細書

申告書別表４：（減算）「農業経営基盤強化準備金積立額の損金算入額（43）」

　また、経理方式によって次の別表調整が必要になります。

① 引当金経理方式（損金経理）

申告書別表４：「加算」欄「損金経理をした農業経営基盤強化準備金積立額」

② 積立金経理方式（剰余金処分経理）

申告書別表５（1）：農業経営基盤強化準備金「当期中の増減・増③」欄

農業経営基盤強化準備金積立額「当期中の増減・増③」欄（△表示＝マイナス）

圧縮記帳と対象資産

　農業経営基盤強化準備金を取り崩した場合だけでなく、受領した交付金等を準備金として積み立てずに受領した事業年度に用いて農用地又は農業用減価償却資産を圧縮記帳することができます。

　対象となる特定農業用機械等は次の通りです。

① 農業用の機械装置
② 農業用の器具備品
③ 農業用の建物・建物附属設備（農振法の農業用施設用地に建設されるものに限る。）
④ 農業用の構築物
⑤ 農業用のソフトウェア

　圧縮記帳の対象となる資産について、農業経営基盤強化準備金制度では「製作若しくは建設の後事業の用に供されたことのない」という条件が付いていますので、新品の資産に限られます。令和５年度税制改正により、対象となる特定農業用機械等から取得価額が 30 万円未満の資産を除外されます。また、リース取引によって取得した資産でも「所有権移転リース」によるものは農業経営基盤強化準備金制度の圧縮記帳の対象となりますが、「所有権移転外リース」によるものは対象となりません。

Q 55　法人化後、経営の悩みや有益な情報を共有する仲間が欲しいです。

A point

* 農業法人が組織する全国唯一の団体として、公益社団法人日本農業法人協会があります。
* 日本農業法人協会は全国で活躍する農業法人が加入し、農業・農村の発展や農業法人の経営発展に向けて、政策提言、農業法人に関する調査・研究などの事業を行っています。
* 全国から集まる農業法人が情報交換を行い、交流を深め、各々の経営発展に向けた研鑽の場となっています。
* その他、会員限定のサービスとして、情報提供、人材確保・育成、ビジネスマッチング、各種保険事業等を展開しています。

会　員　2,072　法　人

「公益社団法人　日本農業法人協会」とは？

・わが国の農業の発展と農村の活性化、食料の安定供給を通じた国民生活の向上を目指し、農業法人の経営発展に資するための活動、政策提言活動、情報発信等を積極的に実施しています。

・農業法人の全国組織として平成11年（1999年）に発足以来、会員数は年々増加しており、現在の会員数は全国で2072（2022年12月末時点）となっています。

・平成24年（2012年）には公益社団法人となり、全国の農業法人の意見を代表する組織として、関係機関から認知されるとともに、会員農業法人の経営実態等の調査結果に基づく政策提言などの活動が国の農業経営政策に反映されるなど、公益法人としての役割を果たしています。

・47都道府県には、それぞれ農業法人組織（事務局は一般社団法人都道府県農業会議等）が組織され、農業法人の経営発展に向け、全国組織と連携しながら地域段階でも活発な活動を展開しています。

入会のメリット

・会員の農業経営に役立つ政策・施策情報をはじめ、分野別の専門的な情報などの有益な情報をタイムリーに取得できます。

・各種セミナーや情報交換会、業種別研究会など、全国の農業法人経営者と交流し、相互研鑽する場があります。

・各種保険等、様々な会員限定のサービスを活用することにより、手軽かつ割安に農業経営上のリスクや課題等への対策ができます。

・自助努力では解決できない農業経営の課題における国への政策提言活動など、経営者団体だからこそできる活動に参加できます。

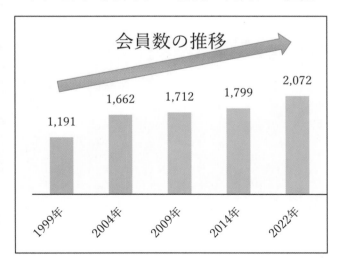

会員数の推移

1999年	2004年	2009年	2014年	2022年
1,191	1,662	1,712	1,799	2,072

日本農業法人協会の主な活動紹介

調査・情報活動

・会員農業法人等の各種調査により、農業法人の実態や課題を把握し、政策提言の根拠としています。

・会員の経営改善に向けた自助努力のポイントや、タイムリーな情報提供に力を入れています。
【具体的活動：農業法人実態調査・農業法人白書の作成、農業法人の経営を強くする情報誌「Fortis」の発行、お得な「耳より情報通信」の発信　等】

提案・提言活動

・生産現場の意見・要望等を取りまとめ、毎年「日本農業の将来に向けたプロ農業経営者からの提言」を行っている他、時勢にあわせ機動的な緊急提言・要望活動を行っています。

研修教育活動

・各界の著名人を講師に迎えたセミナーや課題別・地域や作目別等の研修会、若手農業経営者の経営課題解決に資するディスカッション等、様々なイベントを開催し、自己啓発、農業経営者としての能力開発や諸課題の解決を目指しています。
【具体的活動：年2回の全国セミナー、地域ブロック研修・交流会、次世代農業サミット、農業技術革新・連携フォーラム　等】

経営改善支援活動

・会員限定の保険制度等各種サービス提供、アグリサポート倶楽部会員など農外企業、経済団体や研究機関などとも連携し、経営改善支援に資する様々な取り組みを行っています。
【具体的活動：傷害保険・食品PL・リコール保険等各種保険事業、ビジネスマッチング等の支援、取引先信用調査　等】

人材確保・育成活動

・法人経営に有用な人材の確保や円滑な就農に結び付ける取り組みなど、様々なフェーズの人材確保と育成に関する活動を行っています。
【具体的活動：農業インターンシップ事業、農作業安全基礎研修会、外国人技能実習制度・特定技能制度による外国人材の受入活動及び研修　等】

▲若手農業者が交流・相互研さんする場
「次世代農業サミット」

▲農畜産物商談会の風景

日本農業の将来に向けたプロ農業経営者からの提言（令和5年3月16日）

▲生産現場の意見・要望を取りまとめ、プロ農業経営者からの提言を行っています。

2021年版農業法人白書

▲会員農業法人等の各種調査を取りまとめた「農業法人白書」を公表しています。

＜お問合せ先＞
公益社団法人日本農業法人協会（事務局）
　住所：東京都千代田区二番町9-8
日本農業法人協会ホームページ
　TEL：03-6268-9500 ／ FAX：03-3237-6811
　Email：nogyo@hojin.or.jp

日本農業法人協会ホームページ

日本農業法人協会についての詳細はホームページをご覧ください。

農業法人設立・経営相談の窓口です（令和5年3月現在）

農業経営相談所名	郵便番号	住　　所	連絡先
北海道農業経営相談所	〒060-0005	北海道札幌市中央区北5条西6丁目1-23　北海道農業公社農業経営相談室内　道通ビル6階	011-522-5579
青森県農業経営・就農サポートセンター	〒030-0801	青森県青森市新町二丁目4-1　青森県共同ビル6階　（公社）あおもり農林業支援センター	017-773-3131
岩手県農業経営・就農支援センター	〒020-0022	岩手県盛岡市大通一丁目2-1　岩手県産業会館5階　JA岩手県中央会内	019-626-8516
宮城県農業経営・就農支援センター	〒981-0914	宮城県仙台市青葉区堤通雨宮町4番17号　宮城県仙台合同庁舎9階 （公社）みやぎ農業振興公社内	022-342-9190
秋田県農業経営・就農支援センター	〒010-8570	秋田県秋田市山王四丁目1-1　秋田県農林水産部農林政策課内	018-860-1726
山形県農業経営・就農支援センター	〒990-0041	山形県山形市緑町一丁目9-30　緑町会館4階　（公財）やまがた農業支援センター内	023-673-9888
福島県農業経営・就農支援センター	〒960-8043	福島県福島市中町8番2号　福島県自治会館8階	024-524-1201
茨城県農業参入等支援センター	〒310-8555	茨城県水戸市笠原町978番6　茨城県農業経営課農業参入支援室	029-301-3844
とちぎ農業経営・就農支援センター	〒320-0047	栃木県宇都宮市一の沢2-2-13　とちぎアグリプラザ （公財）栃木県農業振興公社　農政推進部内	028-648-9515
群馬県農業経営・就農支援センター	〒371-0854	群馬県前橋市大渡町一丁目10番7号　群馬県公社総合ビル5階	027-286-6171
埼玉県農業経営・就農支援センター	〒330-9301	埼玉県さいたま市浦和区高砂3-15-1　埼玉県農林部農業支援課内	048-830-4055
千葉県農業者総合支援センター	〒260-0014	千葉県千葉市中央区本千葉町9-10　千葉県JA情報センタービル1階	0800-800-1944
神奈川県農業経営・就農支援センター	〒231-0023	神奈川県横浜市中区山下町2番地　産業貿易センタービル10階 （一社）神奈川県農業会議内	045-201-8859
山梨県農業経営・就農支援センター	〒400-8501	山梨県甲府市丸の内一丁目6-1　山梨県農政部担い手・農地対策課内	055-223-1611
長野県農業経営・就農支援センター	〒380-8570	長野県長野市大字南長野字幅下692-2　県庁5階　長野県農村振興課	026-235-7245
静岡県農業経営・就農支援センター	〒420-0853	静岡県静岡市葵区追手町9-18　静岡中央ビル7階　（公社）静岡県農業振興公社内	054-250-8989
新潟県担い手支援センター	〒950-0965	新潟県新潟市中央区新光町15-2　新潟県公社総合ビル4階　（公社）新潟県農林公社内	025-282-5021
富山県農業経営・就農支援センター	〒930-0096	富山県富山市舟橋北町4-19　富山県森林水産会館6階　（一社）富山県農業会議内	076-441-8961
いしかわ農業経営・就農支援センター	〒920-8203	石川県金沢市鞍月2丁目20番地　石川県地場産業振興センター新館4階 （公財）いしかわ農業総合支援機構内	076-225-7621
福井県農業経営・就農支援センター	〒910-8580	福井県福井市大手3丁目17番1号8階　福井県園芸振興課経営体育成グループ内	0776-20-0431
ぎふアグリチャレンジ支援センター	〒500-8384	岐阜県岐阜市薮田南5-14-12　岐阜県シンクタンク庁舎内2階 （一社）岐阜県農畜産公社内	058-215-1550
愛知県農業経営・就農支援センター	〒460-0003	愛知県名古屋市中区錦3-3-8　JAあいちビル12階 愛知県農業協同組合中央会営農・くらし支援部	052-951-6944
三重県農業経営相談所	〒515-2316	三重県松阪市嬉野川北町530　（公財）三重県農林水産支援センタ-内	0598-48-1226
しがの農業経営・就農支援センター	〒520-8577	滋賀県大津市京町4-1-1　滋賀県農政水産部みらいの農業振興課地域農業戦略室内	077-528-3848
京都府農業経営・就農支援センター	〒602-8054	京都府京都市上京区出水通油小路東入丁子風呂町104-2　京都府庁西別館3階 京都府農業会議	075-417-6847
大阪府農業経営・就農支援センター	〒541-0054	大阪府大阪市中央区南本町二丁目1番8号　創建本町ビル5階　（一財）大阪府みどり公社内	06-6266-8916
（公社）ひょうご農林機構	〒650-0011	兵庫県神戸市中央区下山手通4-15-3　兵庫県農業共済会館3階	078-391-1222
奈良県農業経営・就農支援センター	〒630-8501	奈良県奈良市登大路町30　県分庁舎5階　奈良県食と農の振興部　担い手・農地マネジメント課 （一社）奈良県農業会議	0742-27-7617 0742-27-7419
わかやま農業経営・就農サポートセンター	〒640-8585	和歌山県和歌山市小松原通1-1　和歌山県庁東別館4階　和歌山県経営支援課内	073-441-2932
鳥取県農業経営・就農支援センター	〒680-8570	鳥取県鳥取市東町1丁目220番地　本庁舎4階　鳥取県農林水産部農業振興監経営支援課内	0857-26-7276
島根県農業経営・就農支援センター	〒699-0631	島根県出雲市斐川町直江5030番地　島根県農業協同組合	0853-25-8142
岡山県農業経営・就農支援センター	〒709-0614	岡山県岡山市東区竹原505番地　岡山県立青少年農林文化センター三徳園内	086-297-2016
広島県農業経営・就農支援センター	〒730-8511	広島県広島市中区基町10番52号　広島県庁本館4階	082-513-3594
山口県農業経営・就農支援センター	〒754-0002	山口県山口市小郡下郷2139番地　山口県農業協同組合営農企画課内	083-976-6857
徳島県農業経営・就農支援センター	〒770-0011	徳島県徳島市北佐古一番町5-12　JA会館8階　（一社）徳島県農業会議内	088-678-5611
香川県新規就農・農業経営相談センター	〒761-8078	香川県高松市仏生山町甲263番地1　（公財）香川県農地機構	087-816-3955
えひめ農業経営サポートセンター	〒791-0003	愛媛県松山市三番町4丁目4-1　愛媛県林業会館4階　（公財）えひめ農林漁業振興機構内	089-945-1542
高知県農業経営・就農支援センター	〒780-0850	高知県高知市丸ノ内1丁目7番52号　高知県庁西庁舎3階　（一社）高知県農業会議内	088-824-8555
福岡県農業経営・就農支援センター	〒812-8577	福岡県福岡市博多区東公園7番7号　福岡県庁5階　福岡県農林水産部経営技術支援課経営企画係	092-643-3494
さが農業経営・就農支援センター	〒849-0925	佐賀県佐賀市八丁畷町8番地1　佐賀総合庁舎4階　（一社）佐賀県農業会議内	0952-20-1810
長崎県農業経営・就農支援センター	〒850-0035	長崎県長崎市元船町17番1号　長崎県大波止ビル3階　（一社）長崎県農業会議内	095-822-9647
熊本県農業経営・就農支援センター	〒862-8570	熊本県熊本市中央区水前寺6丁目18番1号　県庁本館9階　（一社）熊本県農業会議内	096-384-3333
おおいた農業経営・就農支援センター	〒870-8501	大分県大分市大手町3丁目1番1号　大分県庁本館9階　大分県農林水産部新規就農・経営体支援課内	097-506-3598
宮崎県農業経営・就農支援センター	〒880-0032	宮崎県宮崎市霧島1-1-1　JAビル7階　宮崎県農業再生協議会内	0985-31-2030
かごしま農業経営・就農支援センター	〒890-8577	鹿児島県鹿児島市鴨池新町10番1号　鹿児島県行政庁舎11階　鹿児島県農政部経営技術課内	099-286-3152
沖縄県農業経営・就農支援センター	〒900-8570	沖縄県那覇市泉崎1-2-2　県庁9階　沖縄県農林水産部農政経済課内	098-866-2257

 詳しくは農林水産省ホームページを
ご参照ください。

Q&A 農業法人化マニュアル 改訂第6版

令和5年3月　　初　刷

定価　900円（本体818円＋税）
送料　実費

編集　　（公社）日 本 農 業 法 人 協 会

　　　　全国農業委員会ネットワーク機構
　　　　一般社団法人 全 国 農 業 会 議 所

　　　　全 国 農 業 協 同 組 合 中 央 会

発行　　全国農業委員会ネットワーク機構
　　　　一般社団法人 全 国 農 業 会 議 所

東京都千代田区二番町9－8
中央労働基準協会ビル内
TEL　03（6910）1131

全国農業図書コード　R04-37